新特産シリーズ

サンショウ

実・花・木ノ芽の安定多収栽培と加工利用

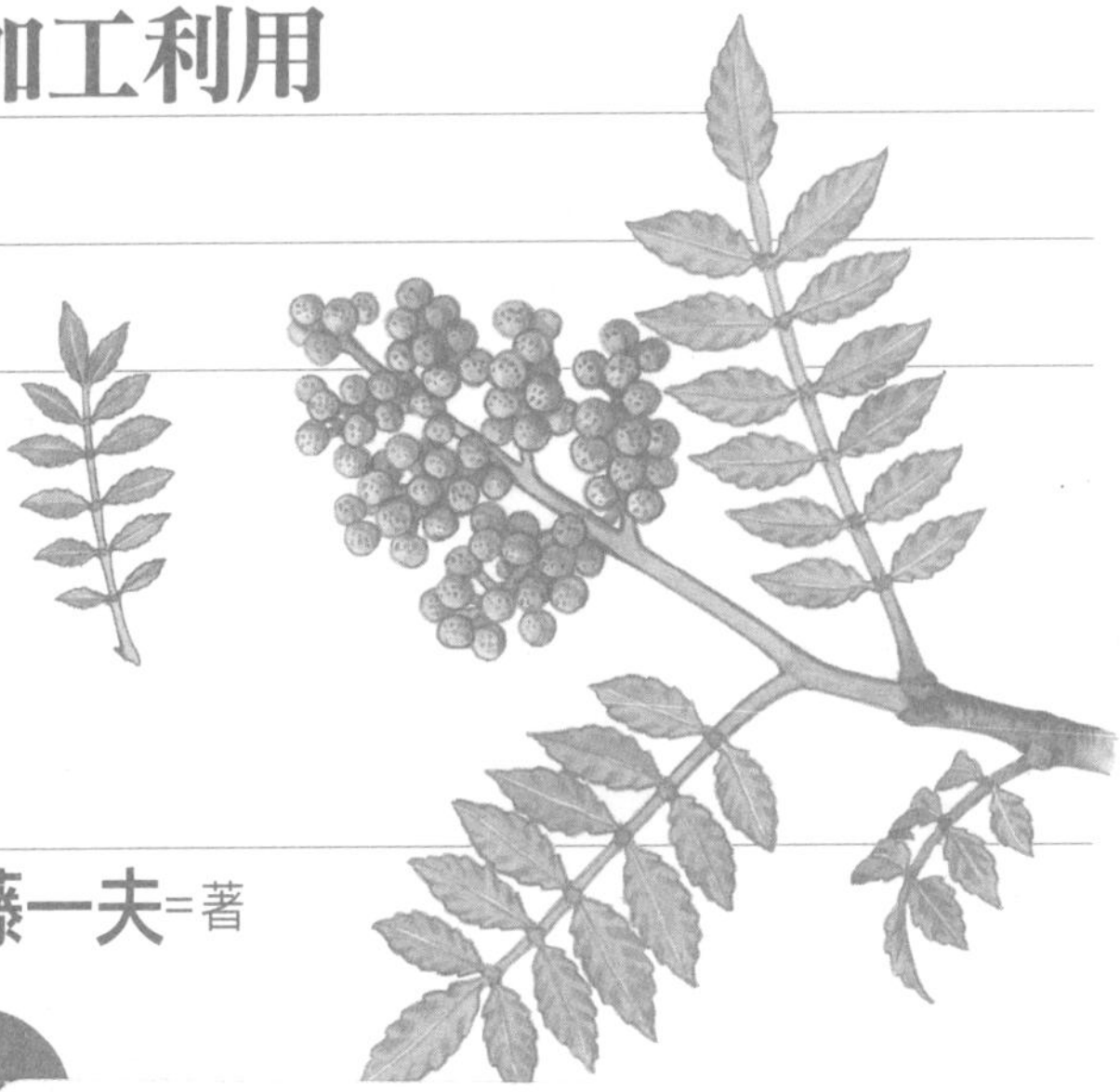

内藤一夫＝著

農文

まえがき

サンショウは日本全国の山野に自生し、ピリッとした辛味とさわやかな芳香があり、山菜の王様といわれている。とくに朝倉実サンショウは丹波の大名たちが名産品として、丹波焼の山椒壺に詰め、毎年将軍家へ献上していたと古文書に書かれている。昔から農村地域では、どこの家にも家の裏や屋敷の片隅にサンショウが一本や二本は植えられ、皆に親しまれてきた。

サンショウは、実、花、葉、樹皮（甘肌）、幹（材）までほとんど捨てるところがなく、料理や佃煮、塩蔵、漬物、香辛料、漢方薬、香料、薬用、すりこぎ、箸、杖など、幅広く加工利用されている。経営的には、従来の実・花・葉サンショウの露地栽培、木ノ芽の周年栽培などに加え、最近では施設栽培も取り組まれており、作型は豊富になっている。それにより、流通も市場出荷から契約栽培などまで、幅広く行なわれている。

このように、サンショウは栽培から加工販売まで多様な取り組みができるため、専業農家から高齢者や女性、兼業農家にまで生産が広がっている。また、今日のような飽食の時代にあって、自然、本物志向から、サンショウの消費も急速に伸びてきている。

筆者がサンショウと出会ってから五〇年近く経ち、その後ずっと研究を続けてきた。昭和六十一年に『特産シリーズ　サンショウ』（農文協刊）を初出版した。生産農家はもとより、農業改良普及センター、農協や地方自治体、市町村農林関係技術者、試験研究機関、大学、流通業者など、多くの方々に手にしていただき喜ばれ、激励もいただいた。そうした声にこたえるためにも、長年積み上げてきたサンショウ栽培や経営のノウハウなどの研究成果を集大成して発表し、後世に残しておきたいと思っていた。そしてこのたび、前著に新たな研究成果を加えて、改訂版を出版することになった。

本書では、サンショウの植物的な特徴から、品種選び、作型別栽培法、加工利用までを、新たに栽培を始める方はもちろん、すでに栽培に取り組んでいる方にも役立つよう心がけて執筆した。とくに、安定多収のポイントとなる整枝・せん定法はていねいに図示した。今日の農業をめぐる情勢は厳しく、農村恐慌は深刻化しているが、本書が生産農家の栽培と経営に役立つとともに、サンショウを特産とした地域づくりと〝むら〟おこしのきっかけにもなれば幸いである。

おわりに、本書の執筆にあたり、貴重な研究成果や資料をご提供いただいた諸先輩、そして尊い体験を語ってくださった産地の農家の方々に、厚く御礼申し上げる。また、農文協書籍編集部の御支援と御協力に感謝を申し上げたい。

平成十六年三月

内藤　一夫

目次

第3章　サンショウのとり入れ方と産地事例

第4章 サンショウ栽培の実際

実とり栽培の実際

花サンショウの栽培

実サンショウ、花サンショウのハウス栽培

木ノ芽の栽培

第1章

今なぜサンショウなのか

1　健康効果で注目のサンショウ

(1)　強烈でさわやかな芳香と辛味が人気

サンショウには、シトロネラールを主成分とするサンショウ油と、サンショールと呼ぶ辛味成分のほかゲラニオールなどの芳香精油が含まれており、芳香性の豊かな薬効植物である。

サンショウは、実、花、葉、若芽が利用されており、それぞれ実サンショウ、花サンショウ、葉サンショウ、木ノ芽と呼ばれ、芳香と辛味が魅力となっている。さらに、幹もすりこぎや箸、杖などに利用されるなど、まさに捨てるところがない。

実サンショウの利用は「生果《なまか》（未熟果）」と「乾果《かんか》（成熟果）」に大別される。保存して料理に使ったり佃煮として利用する生果は、果粒の中の種子が白色の未熟果を房ごと収穫する。漬物にも生果を使うが、種子が褐色や黒色になった成熟果に近い未熟果を収穫する。香辛料や漢方薬には乾果を利用し、果色が暗緑色になって成熟してくる七月中旬～八月下旬ごろの間に収穫する。

一般料理用、佃煮用、保存加工用には前述したように生果を利用するが、その適期収穫期間は七日～一〇日間と短い。市場でのせり人や、販売先で業者がみる評価基準は、①適期に収穫されているか

第1－1図　大房の実サンショウ

どうか、②芳香、③色択、④果肉の軟らかさ、⑤食味などである。また、漬物の添加物として利用する場合も芳香をもっとも重視している。

花サンショウは開花はじめのころに収穫するが、芳香と辛味は実サンショウのように強くはなく、さわやかで淡白、ハッカのような感じがする。高級料理のツマや吸い物の浮かし、佃煮、チリメン花サンショウ、花サンショウ酒、和菓子（生菓子）などに利用されている。

葉サンショウは若干の辛味と芳香があるので、新芽は佃煮やあえものにする。木ノ芽は料理のツマなどに利用されている。

(2) 三大香辛料の一つとして

香辛料には、サンショウの粉、七味トウガラシ、カラシ、ワサビ、ニンニクなどがある。このなか

第1－1表　サンショウの部分別用途

- 花
  - 花サンショウの花 ── 高級料理，サンショウ酒，佃煮に利用される
  - 実サンショウの花 ── あえもの，佃煮
- 葉
  - 木ノ芽（若葉） ── 吸い物，酢の物，田楽，あえもの，木ノ芽だき，佃煮
  - 葉サンショウの若葉（若芽） ── あえもの，佃煮
  - 花サンショウの葉
  - 実サンショウの葉
    - （花サンショウの葉・実サンショウの葉）8月上旬ごろに収穫し，天日に干し，カラカラになったものを缶に入れておいて利用する
- 実
  - 生果
    - 未熟果
      - 一般料理
      - 佃煮加工
      - 貯蔵用（湯通し後，単品で冷凍貯蔵，塩漬け，みりん漬け，酒漬け，焼酎漬け）
    - 成熟果に近い未熟果 ── 漬物利用
  - 乾果
    - 果皮
      - 香辛料 ── サンショウの粉，七味，カレー粉，リース，和菓子
      - 漢方薬 ── 健胃，利尿，駆虫，解毒
    - 種子 ── 油を香料，薬用に
- 樹皮（甘肌）
  - 佃煮
  - 塩漬け
  - （佃煮） ── 樹皮を乾燥したものを皮サンショウといって，汁物の吸い口に利用されていた。また僧坊で用いられる
- 幹（材）
  - すりこぎ
  - 箸
  - 杖

でサンショウの粉、七味トウガラシ、カラシが三大香辛料と呼ばれており、その王様がサンショウといっていいだろう。

生果は缶・ビン詰、冷凍、塩漬け、酒漬けなどによって貯蔵され、香辛料として一般家庭の料理はもちろん、業務用として料理店でも広く利用されている。最近は、生果利用が多く、市場価格が高いため、原料不足で消費は横ばいか、やや伸びている。

佃煮利用とともに、こうした生果利用が伸びているのが最近の特徴である。

また、成熟果を乾燥して利用する乾果はサンショウの粉、七味トウガラシ、カレー粉、ソース、和菓子、その他の食品などにも広く利用されている。全日本スパイス協会や大手食品メーカーの情報では、サンショウの粉、七味トウガラシなどの消費の伸びは横ばいであるといわれている。しかしその一方で、最近では高級料理店で、玉露茶にサンショウの粉を入れて飲む〝玉露サンショウ〟が評判になっているとか、そばやうどんにもそれ専用の粉サンショウが薬味として利用され人気になっているという。最近の食生活の変化によって、薬味としてのサンショウの利用が変化してきている表われでもあり、本物や健康志向にあった利用方法の開発によって、薬味としての消費も伸び、若者にも波及していくと考えられる。

第1－2表　実サンショウ（粉）の成分

「五訂 日本食品成分表」より

成分名			値	単位
廃棄率			0.0	%
エネルギー			375	Kcal
			1,569	kJ
水分			8.3	g
たんぱく質			10.3	g
脂質			6.2	g
炭水化物			69.6	g
灰分			5.6	g
無機質		ナトリウム	10	mg
		カリウム	1,700	mg
		カルシウム	750	mg
		マグネシウム	100	mg
		リン	210	mg
		鉄	10.1	mg
		亜鉛	0.9	mg
		銅	0.33	mg
ビタミン	A	レチノール	0	μg
		カロテン	200	μg
		レチノール当量	33	μg
		B_1	0.1	mg
		B_2	0.45	mg
		ナイアシン	2.8	mg

(3) 古くからの漢方薬、最近では機能性が注目

実サンショウが漢方薬として利用されてきた歴史は古く、わが国では縄文時代、またはそれ以前ともいわれ、中国や韓国でも薬用として昔から重視されてきた。

サンショウの漢名を蜀椒《ショクシュク》といい、中国では芳香性健胃薬として苦味チンキの製薬原料、漢方では大建中湯、烏梅丸などに配剤され、精油が胃腸を刺激して機能を亢進するので、胃下垂、胃拡張、胃腸の冷痛などに活用される。

また、民間薬としては、健胃、胃拡張、胃下垂、胃痛などに、サンショウの粉末を約二gほど（小さじ半分）服用している。

漢方薬の原料にする場合は、成熟果となった七月中旬～八月下旬ごろに収穫する。五～六日間陰干しをすると果皮が裂開するので、ふるいにかけて種子と果皮を分離する。果皮は漢方の原料に、種子は化粧水（香料）の原料になる。品質的に重視されるのは、果粒の大きさと芳香の二点である。薬理効果としては、健胃、利尿、興奮、駆虫、解毒、胃下垂、胃拡張、胃痛などに特効があるといわれている。

武田製薬、大正製薬では独自の研究農場を設置して、薬効成分の解析や漢方薬の開発などの研究がすすめられている。原料に使用される種類は生産量の多い朝倉サンショウがほとんどで、一部和歌山有田郡清水町のブドウサンショウも利用されている。

実サンショウの漢方薬としての利用が見直されるなかで、含有成分であるカリウム、カルシウム、炭水化物などが豊富で、体液のバランスを保つ効果などその機能性が注目されている。

(4)　佃煮や保存加工して多様に利用

サンショウの加工というと佃煮利用が広く知られているが、佃煮に利用されるのは主に実サンショウである。しかし実サンショウ単独で佃煮にされることは少なく、フキ、コンブ、シイタケ、タケノコ、チリメンジャコ、味噌などと一緒に佃煮にされる。量的には少ないので、添加物的な位置づけになっている。サンショウ独特の香りや辛味が加わることによって特徴ある佃煮に仕上がる。また、サンショウが入ることによって、佃煮が早く腐ったり、虫がわいたりしないという効用も認められている。

花サンショウは、チリメンジャコと一緒にチリメン花サンショウ佃煮にされるが、単品としても佃煮にされている。一般的にはあまり知られていないが、お酒のツマミ、お茶漬けの友として天下一品である。

葉サンショウも佃煮にされるが、これもお酒のツマミによく合う。しかし、木ノ芽は単価が高いので佃煮としての利用は少ない。

保存できるのは実サンショウだけであるが、缶詰、ビン詰、冷凍、塩漬け、みりん漬け、酒漬け、焼酎漬けなどがある。そして、缶・ビン詰はそのままであるが、解凍したり塩抜き、アルコール抜きなどをして、香辛料として料理や二次加工して利用されている。詳しいことは第5章で述べるが、佃煮用は果粒の中の種子が白色の未熟果を使用することが絶対条件である。なお、冷凍貯蔵する前には、殺菌と鮮明な緑色にするため必ず二～三分間の湯通しをして、真空パック詰めする。これを忘れると白カビが生えることがある。

(5) 自然、本物志向で消費の伸び

最近は野菜をはじめ農産物の無農薬有機栽培の広がりや、自然物、本物志向が高まり、栽培された

ものより野山に生育している山菜系のものの人気が高まっている。

たとえばフキでも、ハウス栽培されている愛知早生ブキより、山野に自生している山フキのほうが人気がありよく売れている。そのほか、ワラビ、ゼンマイ、クサソテツ（コゴミ）などとともにサンショウの消費も伸びている。

とくにサンショウは独特の香りと辛味で、昔から山菜の王様といわれ、城主や将軍家に献上されたというほど珍重されていた。自然、本物志向が高まるなかで、京都市中央卸市場の統計資料によっても、サンショウは最近急速な伸びを示している（第1―5表参照）。

(6) 観賞用植物としても人気

最近、実サンショウの鉢植えが、観賞用としてよく売れている。とくに、若者のあいだで鉢植えの需要が増えているという。サンショウを一鉢購入（五〇〇〇～一万円）しておけば、そう手間をかけず八カ月間さわやかな芳香と緑を楽しめるだけでなく、日常の家庭料理にも利用できるので、割安感もあり人気を呼んでいるようだ。これも、自然志向や本物志向の表われと思われるが、社会情勢の変化とともにサンショウの需要も変化してきている典型的な例といえる。

2　サンショウ栽培の魅力

(1)　高収益栽培が可能である

サンショウは単位面積当たりの販売金額が多く、そのわりに経営費が少ないので、所得率六五〜七五%と高い。多くの園芸作物を経営試算してみても、これほど所得率が高いものは少ないはずだ。それは、第一に一kg当たりの単価がよいことによる。また、永年作物であるが、植付け三年目から実が成り、収穫することができる。そして七〜八年経てば成木となり、一本当たり平均一〇kgの実は十分とれる。経済的寿命は約二〇〜三〇年で、永年作物としての魅力も十分にある（第1―3表）。

第1―2図　結実期の実サンショウの成木（朝倉サンショウ7年生）

京都市中央卸市場での最近のサンショウの入荷量と一kg当たりの平均単価は第1―5表のとおりである。平成十二～十四年までを見ると、入荷量は京都産、他府県産とも年々急速に伸びている。また、一kgの平均単価が約二〇〇〇円と高値を示している。

さらにサンショウは市場や業者への生果出荷だけでなく、佃煮加工をしたり、保存漬けにしたりして、付加価値をつけて販売することができるので、地域特産品としてお土産や産直での販売にも適している。

さらに、乾果として香辛料や漢方薬として、また樹皮（甘肌）も佃煮にできるし、幹の材はすりこぎ、箸、杖として販売できるなど、捨てるところがない貴重な換金作物である。

第1―3図　落葉期の実サンショウ成木（朝倉サンショウ15年生）**北斗農園母樹**

(2)　遊休地が利用できる

サンショウは、ほとんど山麓や傾斜畑などに散在して栽培されており、まとまって集団的に栽培されている場合は非常に少ない。したがっ

第1−3表　実サンショウ10a当たり（250本植）20年間の年次別収量と金額（試算したもの）

項目 / 年目	10a当たり株数（本）	10a当たり枯死株数(本)	10a当たり健全株数(本)	1株当たり収量（kg）	1株当たり金額（円）	10a当たり金額（円）
1	250	0	250	0	0	0.
2		5	245	0	0	0
3		5	240	1	2,000	480,000
4		5	235	2	4,000	940,000
5		5	230	4	8,000	1,840,000
6		5	225	8	16,000	3,600,000
7		5	220	10	20,000	4,400,000
8		5	215	12	24,000	5,160,000
9		5	210	14	28,000	5,880,000
10		5	205	14	28,000	5,740,000
11		5	200	13	26,000	5,200,000
12		5	195	12	24,000	4,680,000
13		5	190	11	22,000	4,218,000
14		5	185	10	20,000	3,700,000
15		5	180	9	18,000	3,240,000
16		5	175	8	16,000	2,800,000
17		5	170	7	14,000	2,380,000
18		5	165	6	12,000	1,980,000
19		5	160	5	10,000	1,600,000
20		5	155	4	8,000	1,240,000
計		95	4,050.0	15.0	3,000,000	59,078,000
平均		4.75	202.5	7.5	15,000	2,953,900

注　1）実サンショウの経済的寿命を20年間として経営試算をしたもの
　　2）1kg当たり単価2,000円で試算

て農家の一戸当たり栽培面積も少なく、経営的にも零細である。例外的に、和歌山県有田郡清水町には、約五〇haの集団ブドウサンショウ園があるくらいである。

サンショウ栽培の講演などで全国に出かける機会があるが、山麓や里山、傾斜畑、段々畑、山道や林道の両側など、多くのところにまだまだ遊休地があることに気がつく。こうした遊休地を利用すれば、もう少しまとまった面積での栽培が可能である。また、導入にあたっては、高齢者や婦人の力を生かすためにも、共同や集団で行なうことが好ましい。

今日の山林経営者は、税金と管理費すら捻出することができず、山林を放棄する場合も少なくないといわれている。それを克服するには、従来の杉や桧に片寄った植林を転換し、広葉樹もとり入れたり、山菜やキノコなど多様な山の幸の利用も含め、自然の調和がとれた山林開発が必要である。

こうした点からもサンショウはピッタリである。傾斜地が生かせるし、実、花、葉、木ノ芽、幹（材）のすべてが加工・販売でき、収益性も高い。中山間地の遊休地を利用したサンショウ栽培の導入で、地域特産物の育成と地域づくりや町おこしの推進で中山間地域の活性化をはかりたいものである。

(3) 高齢者や婦人の労力の活用に

サンショウ栽培で一番労力が必要なのは収穫作業で、生果（未熟果）を一〇a当たり（二五〇本植え成木園）約二〇〇〇kgを収穫するためには、約四〇～五〇人の労力が必要となる。しかも適期収穫期間は七～一〇日間と限られている。もちろん、香辛料や漢方薬に乾果（成熟化）を利用する場合は、もっと長期間収穫できる。作業は、実サンショウを房ごと摘みとる軽作業で、一日中立ち仕事なので若干は疲れるが高齢者や婦人に適している。

実サンショウの生果を利用する場合は、収穫期間が短く一時的に多くの労力が必要になるので、一戸当たりの栽培面積も限定されてきた。しかし、近年は市町村のシルバー人材センターに登録されている人たちを中心にした高齢者、婦人などの労力が得やすい条件ができてきている。こうした労力を地域で有効に活用することで、サンショウ栽培を広げ定着させていきたい。

(4) 鳥獣害の心配が少ない

今日、中山間地域でも大きな問題になっているのは鳥獣害の問題である。昔は鳥獣類が里山に出たり、田畑の作物を食害したりすることは少なかった。イノシシやシカ、あるいはクマの被害はあったけれども、今のようなことはなかった。これは、山野が乱開発され自然環境が大きく破壊されたことや、過疎化などが原因になっており、人災であると思う。

ところが、サンショウは鳥獣害の被害を受けにくい。それは、シトロネラールを主成分とするサンショウ油と、サンショールと呼ぶ辛味成分のほか、ゲラニオールなどの芳香精油が含まれているためである。強烈な芳香と特殊な辛味成分を鳥獣類がよく知っていて、よりつかないのである。

鳥獣害の心配が少ない数少ない作物の一つとして、サンショウをもっと中山間地に積極的に導入すべきだと考えている。

(5) 性質がわかれば、どこでも誰でも栽培できる

実サンショウ、花サンショウ、葉サンショウ、木ノ芽は沖縄と北海道の北部を除きほとんどの地域で栽培できる。しかし、サンショウの樹の特性を十分に理解していないと、たとえ適地であっても、生育不良やポックリ病で枯死することが多い。そこで、五〇年間の研究の成果として、私のとらえたサンショウの性質と枯死させないポイントを述べておく。

①昔から、「サンショウの実をとりながら歌をうたうと樹が枯れる」といわれている。その根拠があるのか、栽培している現地圃場で株を掘って調査してみたところ、三年生くらいでも根は深さは一mくらいまで伸びている。しかし、その根は繊細で、軽く息を吹いただけで切れてしまう状態で、ホウレンソウなど野菜の根よりよほど弱く、歌をうたう程度の震動でも切れてしまうほどだということが確認できた。

②また、根はストレスや刺激など環境の変化にも弱く、デリケートである。したがって施肥も、化学肥料は避け、有機質肥料を用いる。

③サンショウの根部には多くの酸素が必要である。地下水位は九〇～一〇〇cm以下であること、そして流動していることが条件である。排水不良地には絶対植えない。

④完熟堆肥や有機質肥料で土づくりを行なう。

⑤霜に弱い。チャ、クワも弱いが、サンショウはそれ以上に弱いので被覆資材を利用する。とくに、植付け直後にはワラ帽子をして、晩霜を防ぐなど注意を怠らない。

⑥寒害、凍害、積雪害、干ばつ害にも十分注意する。幼木のときは抵抗性が弱いから、株元にモミガラを敷き、幹にはワラを巻くようにする。

⑦風水害や干ばつなどの自然災害にも注意する。サンショウは根が浅く弱いので、台風などの強風で根起きすることがあるので、支柱を事前に立ててやる。干ばつ対策としては、敷草、敷ワラを一〇～一五cm位と厚く敷いておく。もちろん、秋の落葉でもよい。

⑧サンショウ栽培には花崗岩土壌がもっとも適しているが、その他の土壌でも排水不良地でないかぎり十分生育する。

⑨サンショウは、連作を嫌う〝忌地〟現象があるので、枯死した跡へ補植しても生育が悪く、正常な発育をしない。また、桑園、茶園、甘藷畑などの後作は、ムラサキモンパ病や線虫が発生しやすいので、なるべく避ける。

⑩サンショウは、他の作物にくらべ病害虫の発生が少ない。一番こわいのは、植付け一年目の幼木が、アゲハチョウの幼虫にねらわれやすいことである。毎日観察して葉の表裏をよく調べて捕獲する。油断していると一晩で全滅してしまうことがあるので十分注意する。その他、さび病やカイガラムシ、アブラムシ、ダニが発生することもあるが、十二月上旬～二月下旬の冬期間に防除を励行すれば十分

である。

3 サンショウの消費と生産動向

(1) 消費はどうなっているか

サンショウの消費がどうなっているか、京都をはじめ、大阪、愛知、福岡、東京など主要都市の中央市場を調査したところ、第1―4表のとおりであった。

京都市中央市場を例にとれば、実サンショウで、平成十二年を一〇〇として、平成十三年は一三七、平成十四年は一五三と、約三年間で五〇%以上の伸びを示している。価格の推移は、平成十二年が一kgの平均価格が三一六五円、十三年が二三九二円、十四年が二〇〇五円と、入荷の増加とともに平均価格は徐々に下がってきているが、それでも一kg二〇〇〇円の高値である（第1―5表）。

第1―4表　サンショウの主要都市の中央市場における入荷量と売上金額の概数

(平成14年)

区分／府県名	実サンショウ		花サンショウ		木ノ芽	
	入荷量(t)	金額(百万)	入荷量(t)	金額(百万)	入荷量(t)	金額(百万)
京都府	60	120	1	10	12	143
大阪府	42	84	3	60	32	192
愛知県	—	—	—	—	34.4	172
福岡県	—	—	—	—	38	190
東京都	—	—	—	—	50	300
計	102	204	4	70	166.4	997

また、花サンショウや、木ノ芽も増加傾向にあるなど、サンショウの消費は、全国的に伸びている。この理由は以下のように考えられる。

①食の安全・安心と、自然・本物・健康志向で、山菜や漬物ブームにのって普及し、消費が拡大した。

②調理が簡単で、広範囲の料理に利用できるので、若者にもうけている。

③実サンショウは貯蔵性に富み、保存食としての佃煮

単価　(京都市中央卸市場)

平成14年		
数　量 (kg)	金　額 (円)	平均価格 (円/kg)
97	173,093	1,784.5
479	622,756	1,300.1
1,137	1,533,683	1,348.9
1,147	2,206,680	1,923.9
13	12,432	956.3
809	1,007,424	1,245.3
190	278,231	1,464.4
3,269	7,143,229	2,185.1
25,676	54,824,110	2,135.2
107	179,540	1,677.9
198	344,894	1,741.9
25	45,990	1,839.6
33,147	68,372,062	2,062.7
26,599	51,380,119	1,931.7
59,746	119,752,181	2,004.4

入荷量・取扱金額と単価　(京都市中央卸市場)

6	7	8	9	10	11	12
477	423	338	346	340	386	353
10,483,718	11,168,549	9,075,038	7,318,606	6,330,331	6,063,679	11,297,124
479	437	329	311	398	373	413
5,810,805	7,637,749	9,699,974	3,470,036	4,385,035	5,623,371	6,869,592
510	482	327	307	365	309	408
6,089,705	6,399,404	9,277,026	6,016,654	4,322,182	6,527,905	5,816,486
10,641	10,764	28,390	19,588	11,842	21,126	14,256

第1－5表　京都中央市場での実サンショウ入荷量，金額，

	平成12年			平成13年		
	数　量 (kg)	金　額 (円)	平均価格 (円 /kg)	数　量 (kg)	金　額 (円)	平均価格 (円 /kg)
秋田県	—	—	—	—	—	—
長野県	411	1,692,705	4,118.5	342	406,666	1,189.1
岐阜県	—	—	—	—	—	—
福井県	387	1,136,415	2,936.5	696	1,547,070	2,222.8
愛知県	37	69,552	1,879.8	54	47,796	885.1
滋賀県	461	1,396,343	3,028.9	413	816,376	1,976.7
兵庫県	—	—	—	—	—	—
奈良県	2,630	7,004,664	2,663.4	1,674	3,678,416	2,197.4
和歌山県	14,647	40,773,691	2,783.8	26,064	65,044,142	2,495.6
徳島県	—	—	—	177	399,778	2,258.6
高知県	108	334,740	3,088.4	—	—	—
大分県	172	435,960	2,534.7	54	129,591	2,399.8
京都以外計	18,853	52,844,070	2,803.0	29,474	72,069,835	2,445.2
京都府	20,533	71,808,252	3,497.2	24,349	56,675,592	2,327.6
合　計	39,386	124,652,322	3,164.9	53,823	128,745,427	2,392

第1－6表　木ノ芽の年次別，月別

	年　計	1月	2	3	4	5
平成12年	(kg) 11,198	405	541	1,402	4,071	2,116
	(円) 197,516,153	9,829,672	18,100,173	38,518,547	46,726,030	22,604,686
平成13年	(kg) 11,411	360	539	1,779	4,466	1,527
	(円) 140,590,477	11,141,029	9,688,513	27,089,338	30,618,835	18,556,200
平成14年	(kg) 12,049	425	570	1,842	5,019	1,485
	(円) 143,187,652	5,396,905	8,373,179	31,389,372	39,523,626	14,055,208
3か年平均単価	(円 /kg) 11,884	14,699	14,690	17,041	7,875	9,465

第1－7表　花サンショウの市場価格

①主な産地と花サンショウの価格

（京都市中央卸市場）（円 /kg）

産地名	年＼月	3	4	5
奈　良	平成3年	26,048	10,845	－
	4	29,191	10,321	－
	5	28,971	9,885	7,468
和歌山	3	－	7,265	－
	4	－	9,279	－
	5	－	8,367	－
京　都	3	－	8,967	3,819
	4	－	8,548	3,406
	5	－	7,308	4,478

②平成10～12年の花サンショウの入荷量と価格　（京都市中央卸市場）

（上段：入荷量（kg）　下段：円/kg）

年＼月	3	4	5
平成10年	27	1,416	－
	16,898	6,355	
11	3	1,041	2
	28,350	9,417	14,989
12	－	1,200	81
		8,219	7,398

注）奈良，和歌山，京都の合計

平成10～11年ともに，3月出荷は奈良のみ

③大阪での花サンショウの月別価格の概数

（大阪市東部青果市場）（千円/kg）

年＼月	3	4	5
平成12年	20～30	10～20	5～10

奈良，和歌山の合計

のビン詰加工にも適していて、観光地の土産品としても人気がある。

④香辛料や漢方薬、化粧水として、新たな需要が拡大しつつある。

⑤最近、中国、韓国、東南アジアから良質の実サンショウが求められており、輸出品としても楽しみである。

(2)　サンショウの生産動向

サンショウの種類別に全国主要産地の栽培面積や生産量を的確に把握することは困難であるが、都道府県や市町村、農協、森林組合などから聞き取りし、それを元にして推定したのが第1―8表である。

第1－8表　サンショウ主要産地の栽培面積と生産量（平成15年推定）

種別／府県名	実サンショウ 栽培面積(ha)	実サンショウ 生産量(t)	花サンショウ 栽培面積(ha)	花サンショウ 生産量(t)	主な産地
大　分	5	5	0.25	0.125	
福　岡	5	5	0.25	0.125	
鹿児島	3	3	0.15	0.075	
熊　本	3	3	0.15	0.075	
鳥　取	70	70	3	1.5	三朝町，若桜町，青谷町
島　根	20	20	1	0.5	
岡　山	15	15	0.75	0.375	東粟倉村
徳　島	5	5	0.25	0.125	
高　知	5	5	0.25	0.125	
香　川	5	5	0.25	0.125	
京　都	70	70	4	2	綾部市，三和町，笠置町，夜久野町，別所町，亀岡市，和知町，日吉町，瑞穂町
奈　良	60	60	5	2.5	吉野村，天理市，五條市
和歌山	100	100	5	2.5	清水町，かつらぎ町，美里町，金屋町，野上町
滋　賀	30	30	1.5	0.75	永源寺町
兵　庫	80	80	5	2.5	篠山市
大　阪	35	35	2	1.0	箕面市止々呂美地区
愛　知	15	15	0.75	0.375	
岐　阜	30	30	1.5	0.75	上宝村，高山市
福　井	20	20	1.0	0.5	河野村，池田町
長　野	20	20	1.0	0.5	南木曽町
千　葉	3	3	0.15	0.075	
秋　田	5	5	0.25	0.125	
計	604	604	33.45	16.725	

和歌山県有田郡清水町では、昭和四十七年ごろから中山間地の棚田約五〇haを、水稲からブドウサンショウへと転換した。その後も暫次増反されて、現在では約七〇ha、年間約三億円の売上げに伸びている。ここでは、香辛料や漢方薬向けの乾果がほとんどで、一〇%程度が生果として市場や業者に販売されている。全国的にみても、和歌山県のこの産地以外では、一〇ha以上まとまって集団的に栽培しているところはない。また、古くからの産地では老木荒廃園も多く、一〇a当たりの収量も一〇〇kg程度と低いうえ、品質のよいものが少ない。

さらに生産者の高齢化と後継者不足から、新植されている幼木樹はあまり見かけない。このまま推移すれば現在の産地も消滅する危険性も出てくるものと思われる。

品質のいいサンショウを多収できる産地をつくるには、生産者の生産意欲の醸成と、補助事業や融資制度を利用して、共同や集団栽培で地域の特産物として育成していくことが求められている。

第2章　サンショウ栽培の基礎

1　植物としてのサンショウの特徴

(1)　自然の分布と自生地の環境

サンショウは、東アジアおよび日本が原産といわれ、朝鮮、中国にも分布している。わが国では北海道南部以南の全国各地の山野に広く自生しているが、それは実生のイヌサンショウや野サンショウといわれるもので、トゲのある有刺種である。栽培に用いられているのは、これらを台木にして朝倉サンショウ（アオメ種）やブドウサンショウを接ぎ木したもので、生産用、家庭用に植え付けられている。

自生のものは、山野の谷ぞいの傾斜地に多く見られる。谷ぞいは流水があるので干ばつの心配がなく、また、傾斜があるので、水が停滞せず通気性もよい。サンショウは根がきわめてデリケートで、このような条件が揃ったところでないと生育できない。また、谷ぞいは水蒸気のために夜温が極端に低くならず霜害の心配もない。霜にたいへん弱いサンショウの芽には好都合である。

右のような条件の得られるところが生育の適地といえるが、自生の姿をみると、クリなどの木の陰に生えていることが多く、半日陰地がよりよい半陰性植物といえるかもしれない。

第2—1図　2年目の冬の姿（せん定後）

(2) サンショウの性状と姿

サンショウは、ミカン科の落葉低木でイチョウのように雌雄異株であり、実のなる雌木と、雄花ばかりで実の着かない雄木とがある。そして雌株を実サンショウ、雄株を花サンショウと呼んでいる。実サンショウは、後述のように栄養体繁殖で、栽培用の品種・系統が分離されている。

樹高はふつう三m程度である。たいへん鋭敏な植物で、わずかの環境変化やストレスにあっても、しばしば枯死する。このため短命な樹木と思われているが、前述のような良好な環境が確保されていれば、二〇〜三〇年は生きている。なかには樹齢五〇年、樹高五m、幹の直径三〇cmという木もある。

葉は奇数羽状複葉で小葉一一〜一九枚あり、長

第2―3図　サンショウ1年目の冬の根の状態

第2―2図　4年生のサンショウの冬の姿

3年目から収穫できる

第2―1表　実サンショウ樹齢と収量の関係

樹　齢（植付け後年数）	1～2	3～4	5～6	7～8	9～10	11～12	13～14	15～16	17～18	19～20	21年以降
収量（1本当たりkg）	―	2	4～5	10	12	12	10	8	6	4	3

注）朝倉サンショウ（アオメ種）での実（生育が正常なもの）
　　経済的平均寿命は約20年くらい

だ円形で、ふちに鈍きょ歯（のこぎり状のギザギザ）があり、長さ一〜三・五cm、強い芳香がある。葉柄の基部に対生する鋭いトゲがある（栽培用種朝倉サンショウはトゲがない）。

春に淡黄緑色の小花を複総花序に着ける。花被片は五個で、雌花には雌ずいが二個、雄花には雄ずいが五個ある。

果実は、球形で表面に低い凹凸があり、熟すると紅色となる。内部に種子を一個もつ。この種子は光沢のある黒色で、古くから人形の目に使われてきた。乾燥すると発芽が悪くなる。

開花結実はふつう四〜五月ごろで、成熟するのは八月下旬〜九月上旬となる。

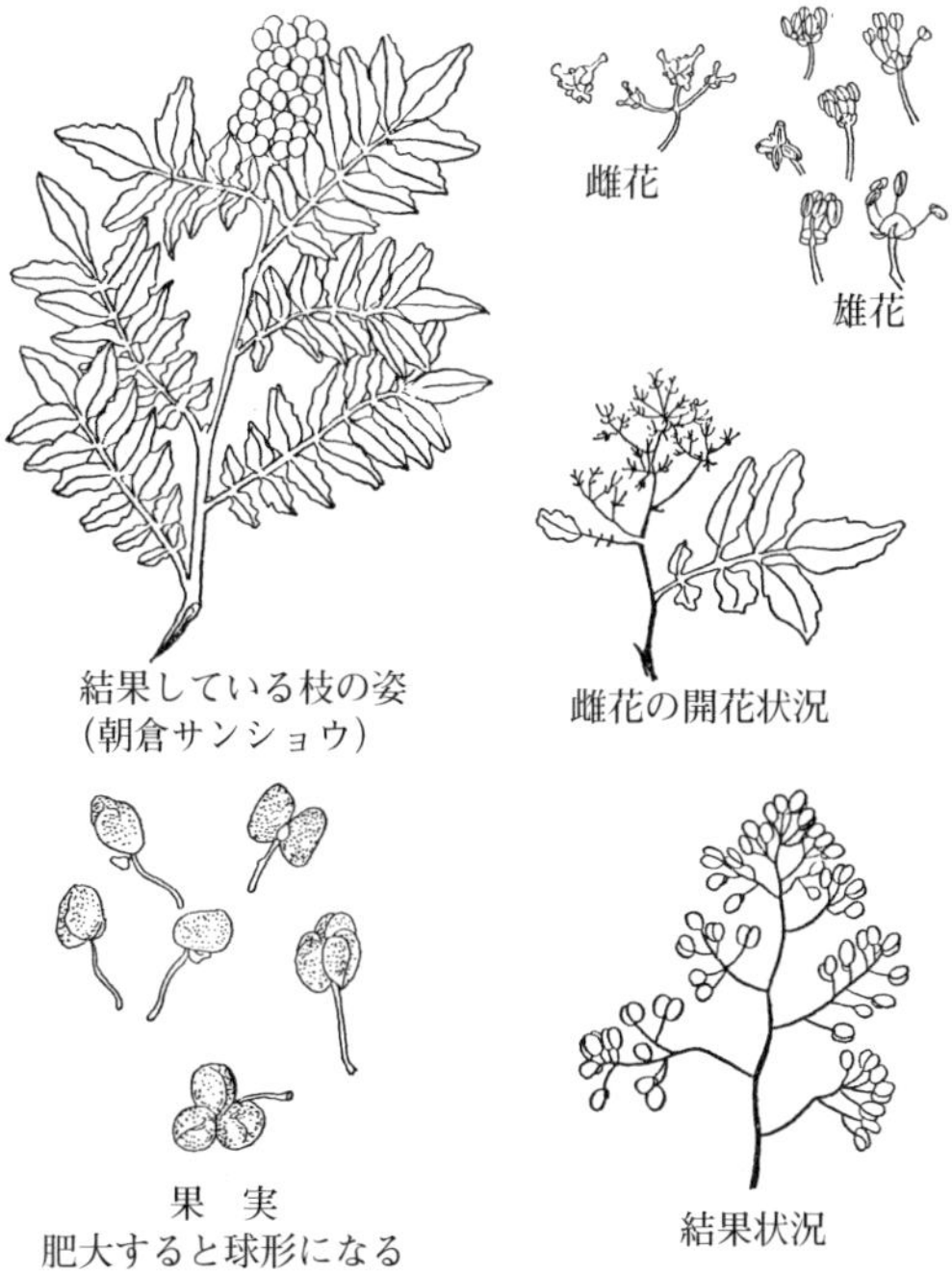

第2−4図　サンショウの各部位の形状

2 栽培の適地条件

(1) 気象条件

①温暖な地方がよい

年平均気温については、一四・〇～一五・五度と温暖な地方がよい。最低気温平均値については年平均九・〇～一一・五度で十二～二月まで〇度以下にならないところがよい。〇度以下になると寒害を受けるので注意をする。

最低気温の極値は年により地域によって異なるが、マイナス一〇度で幼木は枯死しはじめ、マイナス一五度では成木でもかなりの被害が発生し、枯死する樹もでてくる。これは凍害による細胞の破壊が枯死に至らしめるからである。北海道では栽培はむずかしいと思われる。

一方、高温のほうは、沖縄のような亜熱帯を除けば問題はなく、概して暖地が適している。

②雨量は少ないほうがよい

主産地の年間降水量はかなりの幅はあるけれども、雨量は少ないほうがよい。また晴天日数が多いと新梢の発育も良好で花芽の分化も正常となり、翌年の収量に大きくプラスすると考えられる。新梢

第2－2表　積雪量より土壌の通気性が問題

場所別／区分	綾部市坊口町	綾部市内久井町
栽培面積	2a	2a
栽植本数	40本	40本
田畑の別	畑	畑
土　性	植土	礫質壌土
樹　齢	3年	3年
品　種	朝倉サンショウ（アオメ種）	朝倉サンショウ（アオメ種）
圃場の落差の大小	中	大
積雪期間	95日	102日
積雪量（深さ）	93cm	167cm
裂　枝	少	多
凍　害	小	小
根の状態	根が枯れている	生きいきとして健全
萌　芽	不良	普通
新梢の発育	不良	普通
酸素欠乏障害	甚大	微
枯死本数（春）	20本	2本
枯死本数（夏）	4本	0
枯死率	60%	5%

積雪期間と積雪量がサンショウの生育に及ぼす影響（昭和59年3月調査，内藤）

の発育と花芽の分化は七月下旬～八月にかけてもっとも盛んとなるので、とくにこの時期の天候（晴天日数が多いほどよい）が翌年の収量を左右する。また、この時期に雨が多いと病気の発生も多くなる。

収穫期間中についても雨は少ないほうがよい。この期間に雨が多いと、果実の色が悪くなり、また房がバラけやすくなる。サンショウの生果は房ごと出荷するので品質上、重要な問題である。

③積雪期間と積雪量の限界

圃場における積雪期間が一カ月以上にもなり、とくに土壌が粘質壌土の場合は根が酸素不足を起こしやすいので、除雪をはからなければならない。また、積雪量が五〇cm以上にもなると樹の枝が折れたり、樹のまたが裂けたりするので、支柱を立てるか、整枝における主幹と主枝や側枝の角度を広げ、鈍角にしておくなどの対策が必要である。

右のように、雪が生育に及ぼす悪影響としては、根の酸素欠乏障害と裂枝などの機械的障害の二つがあげられる。したがって適地条件を考える場合には、積雪量だけでなく、土壌条件をも考える必要がある。第2—2表に示すように、積雪が多くても土壌の通気性がよい場合は、裂枝は多く起こっても枯死率は低くなることがある。

(2) 地形の善し悪し

前述の自生地の環境からも判断できるように、水はけのよい傾斜地が理想である。傾斜地でも、山麓の場合は地下に水脈があるので注意が必要である。地下水位は九〇cm以下であることが望ましい。

また、斜面は南向きの暖かいところがよく、山間のくぼ地など霜の「ツボ」になりやすいところは避ける。

(3) 土壌条件の善し悪し

サンショウの根は浅いといわれているがもっとも深く伸びている根は一ｍにも達するものがあり、五〇cm以下のところまで細根が分布しているので、耕土は深いほうがよい。

また、当然のことながら腐植含量の多い肥沃地がよい。土壌中の三要素成分や微量要素については特筆すべきことはないが、ただチッソ含量の多い圃場は軟弱徒長の生育となり、気象災害などを受けやすく樹の枯死率が高くなる。野菜を栽培していた畑などに植える場合はとくに注意が必要である。

土壌中のpHは五～六・五くらいの弱酸性がよい。

3　種類と品種・系統

(1) サンショウの種類と品種・系統について

サンショウの仲間には、植物分類上の種類としてサンショウ、フユサンショウ、イヌサンショウなどがあるが、栽培にあたって用いる実用的分類はこれとは別のものなので注意が必要である。

実用的分類の最大の特徴は、サンショウ栽培の主目的が果実の収穫にあることから、雄株か雌株かをまず最初に分類することである。雄株は種類が問題にならずすべて花サンショウと称する。

雌株は栽培上の特性から種類・品種・系統が区別されているが、これらも一般植物の分類とは著しく異なる。たとえば種類は、分類学上の種とかなり似ているが、独立の種ではない変種や変異も栽培上重要な特徴をもっていれば種類として区別される。重要な種類についてはさらに品種・系統が区別され、系統にいたってはどの親株からつくった苗であるかを問うきわめてせまい範囲での分類である。

このような分類が成り立つのは、サンショウの苗木がほとんど接ぎ木などの栄養体繁殖によってつくられるため、遺伝的には不安定であっても同じ形質が保存されるためである。したがって実生でつくった苗は親とまったく違った形質をもつのがふつうで、同じ種類とは認められない。

なお、サンショウは変異性が強く、環境の変化によって品種の形質が変わってしまったり、実サンショウ（雌株）の苗が花サンショウ（雄株）に変わってしまったりすることが珍しくない。

(2) おもな種類

サンショウ（在来種）
北海道・沖縄を除く全国に広く分布する一般の野生種で、芳香、辛味ともに強く、節間がつまり出芽数は多い。実生苗を木ノ芽栽培に利用すると採葉収量も高い。性質は強健で、葉柄着生部の托葉が変化して一対のするどいトゲがある（有刺種）。

朝倉サンショウ

生果用としてもっとも一般的に用いられている高級種である。

兵庫県八鹿町朝倉が原産といわれているが、福岡県朝倉郡三奈木村にも自生が認められている。このほか山口県地方の山野にもトゲのないサンショウが多く自生し、朝倉サンショウと同種といわれているので、その分布区域はかなり広いと思われる。

トゲがなく（無刺種）、豊産性であるので実とり用に栽培しているが、アカメ（赤芽）とアオメ（青芽）の品種があり、実とり用にはアオメが広く活用されている。アオメは葉が厚く、緑が濃い。果房、粒とも大きく、豊産性で芳香も強いので実とり栽培に用いる。アカメは芽も幼果も赤味を感じさせ、果実も早くから紅変し、果房、粒とも小さく、空房も多いので収量が上がらない。芳香も劣り、市場の評価も低いので栽培には用いないようにしなければならない。ただし、品種は変異性が強く、アオメがアカメに変わったりすることも多いので、注意が必要である。

なお、朝倉サンショウおよびその実生は、在来種にくらべて節間が長く木ノ芽の採収量は少ない。

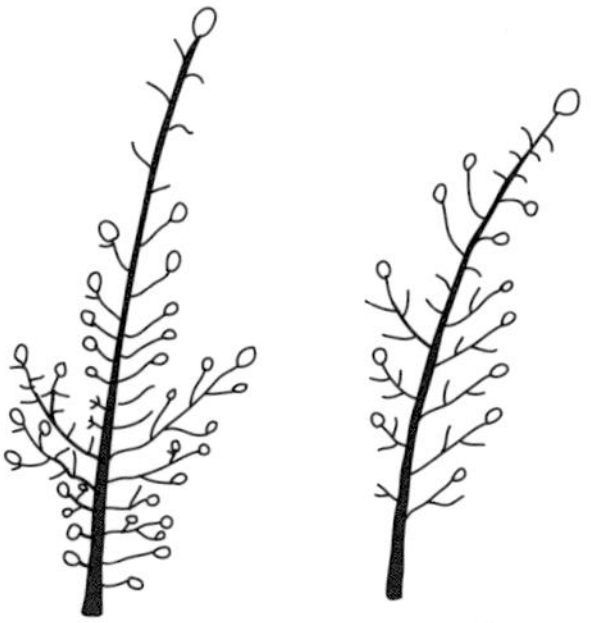

第2−5図　豊産樹と不良樹の結実状況のちがい

第2－6図　ブドウサンショウの古木
和歌山県清水市

ブドウサンショウ

樹は開張性で果実の粒は大型、果房も大きく豊産性である。この種類は香辛料と薬用に広く利用されている乾果専用の代表種である。生果としても利用されているが、評価は高くない。和歌山県の清水町が日本一の産地である。

イヌサンショウ

各地の山野に自生する。トゲがあるが、根が強く、乾燥にもよく耐えるので、実生にして接ぎ木苗の台木として用いる。果実、葉には強い異臭があり、食用にはできない。

ヤマ朝倉サンショウ

本州中部の山中に自生する。トゲは短い。ふつうのサンショウと朝倉サンショウの中間種とみられるが、栽培には利用しない。

リュウジンサンショウ

和歌山県竜神地方に産し、葉は小葉が卵形で三～五枚と他の種類より少ない。栽培には用いない。

フユサンショウ

葉は小型で小葉数が少なく、リュウジンサンショウに似ている。冬でも葉がついているのでこの呼称がある。収量は少なく、栽培には用いない。

花椒（花サンショウ）

これだけは雄株であって、種類を問わず雄株はみな花サンショウという。

中国に広く分布し、わが国の山椒と同様に利用されている。新芽の発生が早く、かつ大きい。芳香はとくによく、つぼみを利用する。収穫時期は、地域によって異なるがふつう四月下旬〜五月上旬で、開花するまでのつぼみのうちに収穫する。この期間はわずか七〜一〇日間しかなく、これをはずしてはならない。近年、京都の料亭などで珍重されて需要が伸び、市場では高値で取引されている。したがって栽培も増加するものと考えられる。

また、この種類は、実サンショウの集約栽培で交配樹としても利用されている例もある。

(3)　営利栽培向きの優秀系統

栽培に用いられる朝倉サンショウ（アオメ）とブドウサンショウには各産地に優秀な系統が存在する。これらについて若干紹介してみる。

止々呂美系（朝倉サンショウ）

大阪府箕面市止々呂美地区一帯に昔から実サンショウの産地がある。周辺の山には、クリ、ビワ、ユズに混じってサンショウが山頂まで植えられており、そのなかには何十年も経過したと思われる老木や、一房一〇〇粒前後も着く大房の豊産種を見ることができる。

この系統は朝倉サンショウのなかから優秀なものが突然変異的に作出されたものと考えられ、大房大粒のうえ果色が冴えた緑色で鮮度が高く見える。また、芳香も強く優れている。さらに、佃煮にする場合、果軸が短く離れやすいものが求められているが、

第2−3表　豊産樹と不良樹（実生）の比較（3年生の枝の収量比較）

	一枝収量	一房収量	1,000 粒　重
豊産樹	110〜120g	3g	85g
不良樹（実生）	25g	2〜1.5g	55〜80g

注）豊産樹は不良樹に比べて収量で4倍，一房の大きさで約2倍の差がある

この点でも優れている。

この系統の苗木は、精香園（〒六六四—〇〇〇四　兵庫県伊丹市東野五—四六　TEL〇七二—七八二—三五〇一　久保善一氏）で販売されている。

三朝系（朝倉サンショウ）

この系統も同じく朝倉サンショウのアオメ種より改良されたもので、鳥取県三朝町において、鳥羽保盛氏（元三朝町サンショウ生産組合長・故人）が一〇〇〇本栽植したなかから、一房に一二〇粒も着果する優秀な豊産種を作出されたものである。三朝町のサンショウは、九州方面に漬物用として出

第2－4表　朝倉サンショウ（アオメ種）優良系統の特性

系統名 ＼ 項目	止々呂美系（大阪府箕面市）	北斗系（京都府綾部市物部町）	後川系（兵庫県篠山市後川町）	三朝系（鳥取県東伯郡三朝町）	坊口系（京都府綾部市坊口町）
樹　姿	開張性	開張性	開張性	開張性	開張性
樹　勢	強	強	強	強	強
果実の色	鮮緑色	鮮緑色	若草色	淡緑色	鮮緑色
芳　香	秀	秀	秀	秀	秀
粒の大きさ	大	大	大	中	大
1房の大きさ	大	大	大	中	大
粒数（1房）	多(80～100)	多(100～120)	多(100～120)	多(100～120)	多(100～120)
雑粒の難易	易	易	易	易	易
葉　色	濃緑	濃緑	黄味緑	黄味緑	濃緑
食　味	良好	良好	良好	良好	良好
にがみ	なし	なし	なし	なし	なし
しぶみ	なし	なし	なし	なし	なし
果実の硬軟	軟	軟	軟	軟	軟

注）1. 葉形は各系統とも，奇数羽状，複葉，小葉15～19枚で形成，長だ円形
2. 実サンショウの収穫適期は，未熟果で実の中の種子が白いうちに収穫すること。その期間はわずか7～10日間ぐらいである

荷され名声を博している。

北斗系（朝倉サンショウ）

この系統も朝倉サシンョウのアオメ種より改良されたもので、一〇〇～一二〇粒前後の大房が着き、果色、芳香ともに優れている。

京都府綾部市の北斗農園（〒六二三―〇三六二　京都府綾部市物部町岸田　TEL〇七七三―四九―〇〇三二　田中フキ子氏）の産で、この北斗系のなかにさらに二つの系統が作出され、苗木として販売されている。また、花サンショウも優秀なものが販売されている。

清水系（ブドウサンショウ）

この系統は、和歌山県有田郡清水町で、ブドウサンショウから改良された乾果専

用種で、品質・収量ともに優秀で日本一である。ここは、町と農協で共同の母樹育成園を持って新種の育成にあたっているが、穂木や苗木も門外不出で入手することは困難である。この産地の指導にあたった、有田農業改良普及所の坂本普及員の献身的な活動が評価されている。

後川系（朝倉サンショウ）

兵庫県後川町は、古くからのサンショウの産地で、優秀な実サンショウや花サンショウがある。実サンショウは一房一〇〇粒前後のものがあり、色択や芳香も優れている。花サンショウについては、七〇〜八〇年生と思われる、おそらく日本一の大木があったが、現在では枯死している。筆者がこの花サンショウの後継者として保存栽培している。

(4) 栽培の目的と種類・系統の選び方

用途別にみた種類・系統の条件は次のとおりである。

①実サンショウ（生果）用

果色が淡緑色で冴えており、暗緑色でないこと、芳香が強く、果肉が軟らかいこと、異臭がなく食味良好であること、一房の粒数が多く、大粒であること、果梗が短く実ばなれがよいことである。

以上の観点から生果専用の朝倉サンショウのアオメ種のなかで優秀な系統のものを確保することが大切である。

第2－5表　栽培の目的と品種の選び方

栽培の目的	種類または品種	備　考
台　木	イヌサンショウ サンショウ（野生種）	台木に最適 普通台木として利用されている
木ノ芽	サンショウ（有刺種）	ビニールハウスまたはフレームでの周年栽培
花サンショウ	雄株の有刺種 無刺種	高級料理に利用
実サンショウ （生　果） 佃　煮 漬　物	朝倉サンショウのアオメ種（優秀系） 朝倉サンショウのアオメ種（優秀系） 朝倉サンショウのアオメ種（優秀系）	主産地に優秀な系統があるが入手困難である
実サンショウ （乾　果） 香辛料 生　薬	ブドウサンショウ	和歌山県清水町に優秀な系統があるといわれている

②実サンショウ（乾果）用

果粒が大きく粒揃い良好で、果肉が厚く種子が小さい、すなわち利用部位が多いこと、芳香と食味が良好であること、果梗が短く、実ばなれがよいこと、一房の粒数が多く、豊産であることである。

これには乾果専用のブドウサンショウがもっともよい。

③木ノ芽用

芽立ちがよく、濃緑で冴えた色択（暗緑色のものはよくない）と芳香、鮮度が求められている。

木ノ芽の周年栽培に利用する種類は、イヌサンショウ以外であれば、いずれの種類でもよいが、一般的にはサンショウ（野サンショウ）と呼ばれるものが利用されている。わが

第2−6表　サンションウの種類別，品質別評価基準（内藤試案）

区分＼種類別	実サンショウ	花サンショウ	葉サンショウ	木ノ芽
粒　色	鮮緑色	—	—	—
芳　香	芳香の高いもの	同左	同左	同左
1房の粒数	50粒以上のもの	—	—	—
粒の大きさ	大きいもの	—	—	—
果粒の硬軟と種子の色	軟らかいもの 種子が変色していないもの	—	—	—
食　味	にが味，しぶみのないもの	同左	同左	同左
鮮　度	新鮮なもの，むれていないもの	同左	同左	同左
葉　形	—	—	正常なもの	正常なもの
葉　色	—	—	鮮緑色	鮮緑色
花　色	—	黄緑色	—	—
花の着生状態	—	密	—	—
葉の硬軟	—	—	軟らかくボリュームのあるもの	軟らかく厚みのあるもの

国の主産地である埼玉県川口市や愛知県稲沢市などでは優秀な系統が利用されているようである。

④花サンショウ用

これは、雄花しか咲かない雄木であり、とくに種類の区別はない。一般的には、有刺のものが多いが、最近は無刺の優秀な系統のものも栽培されている。

第3章 サンショウのとり入れ方と産地事例

1　経営のタイプと導入のポイント

(1)　サンショウ専作経営

①基本的な考え方と留意点

サンショウ栽培を経営の中心に位置づけて導入するには、一定の規模が必要になるが、自分の私有地か借地を利用して個人で栽培・経営するのか、あるいは部落や地区有林を利用して数人のグループか集落全体で集団栽培するのかによって、導入法も栽培形態もちがってくる。

土地、労働力、資本力などが整っていれば個人栽培もいいが、個人の力には限界があるし、高齢者や婦人の知恵や力を生かした地域づくりということから、グループや集落ぐるみの集団栽培が望ましい。また、集団栽培であれば補助事業を受けられるし、融資制度の活用がしやすいのも有利である。

②所得目標の設定と経営規模

個人にしろ集団栽培にしろ、サンショウ栽培を経営の中心にした専作経営を考えるとき、まず所得目標を設定しなければならない。そして、その目標を達成するためにどの程度の経営規模にするかを考えなければならない。

第3－1表　実サンショウの経営収支例

（10a当たり，7～8年の成木園）

項目		金額など	備考
生産量	中央市場出荷量	2,000kg	——
	家計仕向け・その他	－	
	合計	2,000kg	
粗収入	中央市場販売額	4,000,000円	1kg当たり単価2,000円
	家計仕向け・その他	－	——
	合計	4,000,000円	
経営費	種苗費	25,000円	20年償却
	肥料費	25,000	植付け時と年間肥料費など
	諸材料費	80,000	防霜施設を含む（10年償却）
	防除費	10,000	2回散布分
	雇用労賃	200,000	40日分
	出荷経費	600,000	市場手数料，農協手数料，容器運賃など
	水道光熱費	5,000	燃料など
	建物費	6,000	作業場，農機具倉庫など
	農機具費	10,000	防除機具，バックホーなど
	水利組合費	5,000	——
	賃料料金	－	
	小作料	－	
	租税公課	10,000	
	合計	976,000円	
所得		3,024,000円	
所得率		75.6%	
10a当たり労働時間		400時間	
1時間当たり労働報酬		7,560円	

注）1.10a当たり250本植えで成木率80%，200本が健全に育っている
　　2.豊産系の実サンショウを栽培。盃状わい化仕立てで整枝・せん定もよく行なわれており，従来の5倍量が収穫できる

プ別経営試算

経営費(千円)	所　得(千円)	10aあたり所得(千円/10a)	所得率(%)	労働時間(時間/10a)	家族労力(人/10a)	雇用労力(人/10a)	合計所得(千円)
12,000	28,000	2,800	70	400	4	40	31,900
2,100	3,900	1,950	65	880		100	
6,000	14,000	2,800	70	400	4	40	15,950
1,050	1,950	1,950	65	880		100	
16,200	16,200	5,400	50	467	2	10	16,200
6,480	9,720	4,860	60	200	2	—	9,720
485	716	72	60	4.8	3	—	8,829
4,320	6,480	2,160	60	400		40	
1,080	1,620	1,620	60	880		100	
721	1,081	73	60	4.8	3	—	8,025
4,320	6,480	2,160	60	400		40	
336	464	464	58	240		—	
240	360	72	60	4.8	2	—	7,633
4,320	6,480	2,160	60	400		40	
427	793	183	65	100		—	

3. 実サンショウ鉢植え栽培は，生産量は鉢数，単価は一鉢当たり

4. 水稲の粗収入，経営費，所得は千円以下を切り捨てて計算

実サンショウ一〇〇a、花サンショウ一〇～二〇a、葉サンショウ一〇aを組み合わせて、年間所得二〇〇〇万～三〇〇〇万円を目標とした、中程度の経営規模にしていけばおもしろい経営ができる。

第3―2表に専作経営の作型、四例を示したが、それぞれ特徴がありおもしろい。また、収量と価格からみて実サンショウ＋花サンショウの作型が一番安定している。

③露地栽培か、施設栽培か

わが国のサンショウ栽培は九八%以上が露地栽培で、ごく一部

第3－2表　タイ

経営タイプ	組合わせ	栽培面積(a)	生産量(kg)	単価(円/kg)	粗収入(千円)
専作経営	実サンショウ（露地栽培）	100	20,000	2,000	40,000
	花サンショウ（露地栽培）	20	1,200	5,000	6,000
	実サンショウ（露地栽培）	50	10,000	2,000	20,000
	花サンショウ（露地栽培）	10	600	5,000	3,000
	木ノ芽（ハウス周年栽培）	300m^2	3,240	10,000	32,400
	実サンショウ鉢植え（ハウス栽培）	20	3,240	5,000	16,200
複合経営	水　稲	100	4,500	267	1,214
	実サンショウ（露地栽培）	30	5,400	2,000	10,800
	花サンショウ（露地栽培）	10	540	5,000	3,000
	水　稲	150	6,750	267	1,802
	実サンショウ（露地栽培）	30	5,400	2,000	10,800
	花ミョウガ	10	800	1,000	800
	水　稲	50	2,250	267	601
	実サンショウ（露地栽培）	30	5,400	2,000	10,800
	山フキ	20	2,000	610	1,220

注）1. 木ノ芽は100m^2当たりの金額，労力など
2. 木ノ芽は年間4回伏込み。経営費は購入苗を使った場合

がビニールハウスの無加温、あるいは加温栽培をしているのが現状である。ということは、露地栽培で十分採算がとれているので、無理に前進栽培を行なう必要が少ないと考えられる。

ただ、今後は花サンショウや葉サンショウについては、周年生産が可能なビニールの無加温、加温のハウス栽培が普及するものと思われる。しかし、花サンショウは、露地栽培の体験を積んだうえで、ハウス栽培や施設栽培をするのが安全である。

④サンショウの種類別組合わせ

サンショウには、実サンショ

ウ、花サンショウ、葉サンショウ、木ノ芽の四つに分類することができる。経営的に考えると、木ノ芽は周年栽培なので別になるが、実サンショウ、花サンショウ、葉サンショウは、収穫期がそれぞれ違うので労力配分上、三つを同時に栽培することによって経営の効率化がはかれるし、おもしろい。

露地栽培の場合、葉サンショウは三月下旬～四月上旬、花サンショウは四月中旬～五月上旬、実サンショウは五月中旬～五月下旬（漬物用は六月中旬～七月中旬、香辛料や漢方薬用は七月下旬～八月下旬）、というように三月から八月まで、労力が分散されるし連続的に販売できる。

⑤条件のいい圃場を選ぶ

栽培圃場を山麓や山林、傾斜畑、段々畑、台地の常畑、または水田転換畑のどこに求めるかによって、栽

要と粗収益

収穫期	収量 (kg/100m²)	単価 (円/kg)	粗収入 (円/100m²)
5月下旬～6月下旬	200	1,600	320,000
4月下旬～5月上旬	75	5,000	375,000
4～9月	70	5,000	350,000
5月上旬～下旬	150	2,500	375,000
4月上中旬	45	10,000	450,000
5月～翌2月	80	15,000	1,200,000
4月上旬～下旬	120	8,000	960,000
3月上旬～下旬	45	25,000	1,125,000
2～4月	90	30,000	2,700,000

第3－3表　サンショウ類の作型の概

区分／作型	作目	作型	種類 品種	栽植株数（本/10a）	植付け時期(月)	結果年齢（年）／成木（年）	被覆期間（月）
露地栽培	実サンショウ	普通	朝倉サンショウ	250	11～3	3／7～8	—
	花サンショウ	〃	実生	250	11～3	3／7～8	—
	木ノ芽	〃	野サンショウ	3.3m²当たり 500～600本	2～5	—	—
ハウス無加温栽培	実サンショウ	早熟	朝倉サンショウ	150	11～3	3／7～8	2～5
	花サンショウ	〃	実生	150	11～3	3／7～8	2～4
	木ノ芽	抑制（前期）	野サンショウ	3.3m²当たり 500～600本	4～12	—	—
ハウス加温栽培	実サンショウ	半促成，促成	朝倉サンショウ	150	11～3	3／7～8	11～5，10～4
	花サンショウ	〃	実生	150	11～3	3／7～8	11～4，10～4
	木ノ芽	促成（抑制後期）	野サンショウ	3.3m²当たり 500本	1～2	30日	周年

注）産地により木ノ芽の単価は異なる

培の難易や管理ポイント、作業性がかわる。

圃場選びで大切なのは地下水位である。地下水位の上昇による土壌の酸素不足は、サンショウの生育にとって最悪の条件となるので十分検討しなければならない。

また、サンショウに最適な土壌は花崗岩土壌である。しかし、特別な強粘土質土壌でない限り、地下に粗大有機物を入れるなど土づくりを十分行なえば栽培は可能である。

第3－4表　サンショウ類の作型と経営収支

（実サンショウ・花サンショウは10a当たり，木ノ芽は100m²当たり）

作目 / 作型 / 区分	実サンショウ			花サンショウ			木ノ芽		
	露地	ハウス無加温	ハウス加温	露地	ハウス無加温	ハウス加温	露地	ハウス無加温	ハウス加温
生産量（kg）	2,000	1,500	1,200	750	450	450	70	80	90
粗収入（万円）	320	375	960	375	450	1,125	35	120	270
経営費（万円）	96	150	432	131.25	180	506.25	17.5	72	189
所得（万円）	224	225	528	243.75	270	618.75	17.5	48	81
所得率（%）	70	60	55	65	60	55	50	40	30
労働時間（時/10a）	400	360	332	700	480	500	300	400	450
労働報酬（円/時）	5,600	6,250	15,900	3,480	5,625	12,400	5,833	12,000	18,000

第3－5表　サンショウ類の月別利用計画

種類別 / 月別	1	2	3	4	5	6	7	8	9	10	11	12
実サンショウ			○（生果，ハウス）	○（生果，ハウス）	○（生果）	○（生果）	○（乾果）	○（乾果）				
花サンショウ			○（ハウス）	○	○							
葉サンショウ			○	○								
木ノ芽	○	○	○	○	○	○	○	○	○	○	○	○
甘肌					○							
材	○											

注）甘肌の利用は，実サンショウ，花サンショウ，葉サンショウの老木の樹皮や，幹（材）の利用として行なわれている。甘肌は佃煮に，材はすりこぎ，杖，箸に使用されている

第3－6表　圃場の条件と栽培管理のポイント

台地の常畑 平坦地の常畑	集約栽培	・干ばつに注意 ・排水にも注意 ・台風被害の防止 ・管理作業は効率的 ・収量，品質ともに良好 ・ハウスを含む施設栽培にも好条件
段々畑 傾斜畑	準粗放栽培	＜段々畑＞ ・排水に注意 ・作業効率が悪い ＜傾斜畑＞ ・土壌侵食対策が必要 ・管理作業がやや困難（傾斜度による） ＜共通＞ ・肥料不足が発生しやすい ・収量と品質は中くらい
山　麓 山　林	粗放栽培	・管理作業が十分できにくい ・干ばつ時に灌水ができない ・整枝せん定や収穫作業が困難 ・収量，品質ともに若干低下する（日照時間が少ない） ・樹の寿命は長い ・地力が低い

⑥収穫労力の確保

サンショウ栽培での最大の課題は、収穫時の労力問題である。生果の収穫期間は七～一〇日間と短期間であり、大人が一人一日（八時間）精力的に収穫して、約四〇～五〇kgである（ただし、整枝せん定がされている豊産性品種の場合）。なお、昔は一人一日一〇kgといわれてきたが、これは豊産性でない品種で、放任栽培で整枝せん定がされていない場合である。

したがって、一〇a当たり二〇〇〇kgを一日で収穫する

第3―7表　サンショウ導入経費の例（山麓利用の場合）

①雑木林の伐採と下刈り掃除	10a当たり	約90,000円
②苗木代（購入の場合）	1本約2,000円×300本＝	600,000円
③穴掘りと植付け		50,000円
④肥料，支柱，ワラ，ヒモ		25,000円
⑤その他		35,000円
合計		800,000円

には、約四〇～五〇人の労力が必要になり、家族労力だけでは対応できない。確実な雇用労力が確保できるかどうかが、栽培面積を左右するのである。

現在では、どこの市町村でもシルバー人材センターがあり、ある程度の労力を確保することができるので、サンショウ栽培にはチャンスである。

⑦サンショウ導入資金の調達

サンショウ栽培の導入経費は、土地の条件によってもちがうが、自家育苗するかどうかで大きく変わる。山麓や山林の利用では一〇a当たり五〇万～八〇万円、傾斜畑の利用で自家育苗する場合は一〇万～二〇万が目安である。山麓利用の一例をあげると第3―7表のようになる。

導入資金の調達については、自己資金でできない場合は、個人では融資制度を利用する。集団でやる場合は、特用林産物の育成に関する補助事業が活用できる。事業費の二分の一補助で造成費や苗木代、諸施設などもはいり、大変有利になっている。したがって、三人以上の共同か集落ぐるみの集団栽培として組織的に取り組みたい。

第3－1図　木ノ芽用の育苗圃場

⑧木ノ芽は周年栽培で

木ノ芽栽培は、サンショウ栽培のなかでもっとも集約的な栽培で、多くの労力を必要とする。昔は普通栽培、促成、半促成、抑制栽培というように作型が分かれていたが、現在では一年間通しの周年栽培が行なわれ、年中ほとんど切れ目なく出荷している。

滋賀県中主町では、約二〇年前から木ノ芽の周年栽培を始め、木ノ芽の主産地である愛知県の稲沢市を追い抜きつつある。現在は九戸の農家が取り組んでいる。

Aさんは家族労力二人、年間雇用二〇人で、水稲一〇〇a、水田転換畑（常畑）六〇a、畑六〇aのうち三〇aで木ノ芽栽培をしている。母樹の育成と採取用苗の育成に一二〇a、伏込み床は三〇〇m²のハウス二棟を一年ごとに交互に使っている。年間の売り上げは三〇〇〇万近くになるのではないかと推察できる。最近の自然志向、健康志向の高まりのなかで、とくに佃煮のビン詰や缶詰に人気が高ま

第3－2図　作物の種類別の作業歴

種類＼月別・旬	1	2	3	4	5	6	7	8	9	10	11	12
	上中下	上中下	上中下	上中下	上中下	上中下	上中下	上中下	上中下	上中下	上中下	上中下
実サンショウ		せん定	施肥		収穫	→		施肥		施肥（元肥）		冬期防除
花サンショウ		せん定	施肥	収穫				施肥		施肥（元肥）		冬期防除
山フキ		追肥		収穫	→			元肥				追肥
花ミョウガ		施肥	落葉などの敷き込み			追肥	収穫	→	→	→		落葉などの敷き込み

っており、観光地でよく売れているとのことである。

(2) 他作物との組合わせによる複合経営

複合経営は、サンショウと他の作物を二～三組み合わせる方法である。多くの労力を要する野菜や花卉との組合わせはよくないが、野菜のなかでも山フキ、花ミョウガの省力的品目であれば問題ない。また、水稲はどこの家でも栽培されているし、省力作物なので適している。

以下、3例ほどあげたが、詳細は第3―2表を参照されたい。

①水稲＋実サンショウ＋花サンショウ

②水稲＋実サンショウ＋花ミョウガ

③水稲＋実サンショウ＋山フキ

所得目標が一〇〇〇万近くとなり、小規模安定型経営といえる。この組合わせに山フキ、花ミョウガを選んだのは、サンショウ栽培との混植立体栽培にすれば、傾斜畑での土壌浸食防止、雑草対策に役立つので、それをねらった組合わせにしたのである。

さらに最近は、市場からサンショウや花ミョウガ、山フキなど山菜類の出荷が強く要望されているからでもある。

2　土地利用別の導入

(1)　平坦地・田畑での栽培

サンショウの専作経営をめざす場合、水田から転換した常畑を利用して栽培することが多い。このねらいは単位面積当たりの収量を上げ、管理作業の効率化と、高度な集約栽培をはかることにある。

現在の水田は圃場整備もすすみ、排水施設や農道も完備され、電源も近くに設けられている。しかし、周囲が水稲作だと、田植え時期から秋の落水期まで地下水が上昇して地下部が酸素不足になり、根腐れ現象を起こし枯死することが多い。

したがって水田地帯でのサンショウ栽培は、圃場を隔離して地下水の侵入を防がなくてはならない。

地下水位の高さは、平常時で九〇cm以下であることが必要である。水田地帯では個人的にサンショウ栽培の条件を満たすことは困難なので、数人のグループや集落、地区単位の集団栽培が望ましい。

水田地帯で個人でサンショウを栽培するには、台地の転換畑で行なうようにしたい。とくに、ハウス栽培では、施設に経費がかかるので圃場の選択がもっとも重要である。

また、洪水害にも注意しなければならない。水温が高い汚濁水が停滞すると酸素欠乏が発生しやすいので、とくに警戒をしなければならない。水害にあうような低地や、排水施設が完備していないところは避ける。

(2) 中山間地の棚田を利用した栽培

中山間地の棚田での水稲栽培は、平坦地のような機械化ができないので労力が二〜三倍かかり、そのうえ地力の低い低収田が多い。さらに、イノシシやシカなど鳥獣害も受けやすいのが特徴である。

こうした棚田を畑に転換して、サンショウを導入して成功しているのが和歌山県有田郡清水町である。現在五〇〜七〇haの面積があり、年間三億円の売上げがあるといわれている。

棚田をサンショウ畑に利用するには、排水を良好にしてから植え付け、夏の干ばつには敷草などで乾燥を防ぐことも大切である。

鳥獣害については、前述したように被害が少ないが、ストレスがたまるとサンショウの株元を掘っ

第3—3図　棚田を利用した栽培（京都府日吉町）
植付け1年目。霜害防止のワラ帽子をかぶせてある

たり、幹に傷をつけたりすることもある。サンショウ園の周囲に忌避剤を散布しておくと効果がある。

山フキ、花ミョウガをサンショウの株間に植え付ける混植立体栽培は、収益になるだけでなく雑草対策にも役立つので、これから普及していくものと思われる。ただし、山フキ、花ミョウガを同時に植えると、地下茎の繁殖力が強くサンショウが負けるので二〜三年遅らせて植えることが大切である。

(3)　傾斜畑での栽培

傾斜畑でのサンショウ栽培は、生育も順調で樹の寿命も長く、収量的にも安定している。おそらく、傾斜地のため排水がよく、地下部への酸素供給が多いという利点があるからだと思う。

ここでの問題点は土壌浸食である。一時的に大雨が降ったり、年間の降雨量が多い地域では、土壌浸食で根が露出したり、肥料の流出や有機物の消耗が激しいので、十分注意しなければならない。土壌浸食は、山の下刈りや雑草、川原のヨシ、または稲ワラなどで、サンショウの株元を中心に地面を一〇cm以上の厚さに被覆すれば、ある程度食い止めることができる。

さらに、傾斜角度が三五度以上で勾配がきつい場合は、開心自然形や変則主幹形でなく、オールバック形に整枝して、収穫時の労力軽減を考える。なお、森林組合では、山麓利用の傾斜度限界を三五度くらいまでとしている。

なお、前項で述べた山フキ、花ミョウガとの混植立体栽培は、土壌浸食防止にもっとも効果があるので、試みていただきたい。

(4) 山麓や里山利用による栽培

山麓や里山をこれまでの材木生産の場所というのでなく、発想の転換を行なって多面的に活用したい。その一つとして有力なのが、サンショウ栽培の導入である。前述した山フキや花ミョウガとの混植立体栽培もおもしろい。成功事例として、大阪府箕面市止々呂美地区では、農業構造改善事業を利用して、山麓から山頂までサンショウ、ユズ、ビワ、クリの混植立体栽培が行なわれ、農林水産省のモデル地区になっている。

山麓や里山を利用するには、まず雑木などを伐採・掃除しサンショウを植栽できるようにしなければならない。一〇a当たり約九万円かかるといわれている。密植栽培にして、一〇a当たりに一五〇〜二〇〇本くらい植えたい。サンショウは忌地現象がきつく補植もできないので、密植にしておき年々間引いて、株数の調整をはかっていくのが安全である。栽植方法は等高線状に行なえばよい。

整枝法は、開心自然形や変則主幹形だけでなく、盃状わい化仕立てやオールバック形整枝についても研究する必要がある。

第3－4図　山中の畑を利用したサンショウ園（10年生）
綾部市西坂町芦谷氏の圃場

山麓を利用する場合、森林組合では傾斜度約三五度が限界だといっているので、それを目安にするとよい。

(5)　遊休地を利用した栽培

サンショウは空地に、あるいは家の屋敷の裏や隅に一〜二本植えておいたものが、三年たてば実が成ったり、花サンショウは花が咲く、そして毎年収穫期になれば一定量が採取でき、自家用に利用できたり、販売してお金になる貴重な換金永年作物である。

七～八年生の成木一本で、実サンショウ一〇kgくらい収穫できる。現在の価格で一kg二〇〇〇円なので、1本二万円の売上げということになる。数本あれば、小遣い程度の収入になるので、ぜひ植えておきたい。一戸一本栽植運動が展開され、サンショウ苗木が無料配布されている市町村もある。

3　産地事例

(1)　サンショウで地域特産物つくり—地域づくりと〝むら〟おこし—

①兵庫県篠山市後川地区の事例

後川地区は、昔から兵庫県のサンショウの主要産地である。山間地の自然条件を利用し、谷川沿いの山麓や休閑地を最高度に生かしながら、実サンショウや花サンショウ、葉サンショウが栽培されている。この地区の特徴は、高齢者や婦人の労力を活用しながら生産と加工を結合させ、付加価値をつけて共同販売していることである。

近年、加工施設も整備され、クリ、山菜、野菜類などの農産加工事業も拡大し、収益も向上していることから、地域づくり、〝むら〟おこしに大きな成果をあげている。

しかし最近、生産者の高齢化と後継者不足が課題になっている。また、サンショウの樹自体も老木荒廃園が目立つようになり、収量と品質の低下が問題になっている。篠山市や農協では新規植付けによる増反計画を立て強力に推進するなど、産地復活の動きが活発になっている。

②大阪府箕面市止々呂美地区の事例

止々呂美地区は、農業構造改善事業を利用して山林開発を行ない、山麓から山頂まで実サンショウ、ユズ、ビワ、クリの混植立体栽培が行なわれている。また、川沿いには休閑地を利用したサンショウ栽培圃場も見られる。

実サンショウは佃煮や漬物など加工業者との契約栽培で、農協婦人部の共同作業で塩漬け貯蔵が行なわれ出荷されている。また混植栽培で生産されたユズ、ビワ、クリは、農協から共同出荷されている。収益も上がっており、農林水産省のモデル地区にもなって映画化されている。

この地区は農業構造改善事業の推進地区で、山頂まで林道が作業道として整備されており大型トラックも入ることができる。また、林道の両側にはサンショウが重点的に植えられるなど、効率的利用がされている。直射日光はあまり当たらないが、サンショウは半陰性植物なので生育もよく、一定の成果をあげている。

この止々呂美の朝倉サンショウは豊産性で、収量・品質ともに優れており、生果としての利用がとくに多く人気を呼んでいる。

③鳥取県東伯郡三朝町の事例

三朝町は、山陰の温泉観光地として有名なところである。この温泉の裏側には、非常にきれいな三朝川が流れている。その上流約四㎞のところに三徳山という山があり、その山麓で実サンショウ栽培が行なわれている。三朝町サンショウ生産組合がつくられていて、農協への共同出荷が行なわれ、大部分が北九州市方面に漬物用として販売されているようである。

栽培されているのは朝倉サンショウだが、故人である元三朝サンショウ生産組合長の鳥羽保盛氏の研究によって、一房一二〇粒も着く豊産性へと改良がすすめられた系統である。鳥羽氏は、中山間地域の発展に貢献された、すぐれた精農家であったといわれている。また、三朝農協や役場、東伯農業改良普及センターが三位一体となって生産農家を励まし、指導を強力に推進することで、サンショウの産地が育成できたと思われる。

④福井県河野村と池田町の事例

河野村は、有名な越前海岸の裏山の山頂、標高五〇〇～六〇〇ｍにあり、ここは暖流の黒潮の影響で冬期間も比較的暖かく、サンショウの生育もよい。しかし品種は朝倉サンショウでなくトゲのある在来サンショウの一種で、生果を利用する佃煮用には向かないので、漬物用や乾果で香辛料、漢方薬として販売されている。

河野村のサンショウは木ノ芽に最適の種類である。とくに芳香がすばらしい。したがって木ノ芽栽培用の専用種子として売り出せば、全国の一大産地になると考えられる。また、最近では朝倉サンショウによる生果の栽培にも河野村として力が入れられている。

池田町は平坦地帯で、水稲＋野菜の経営が多いが、山麓や傾斜畑、休閑地の利用にサンショウの導入がおもしろいということで注目され、増反計画が推進されている。

最近は福井県も和歌山県、奈良県に次ぐサンショウの産地に発展しようとしている。京都中央卸市場への出荷量も年々増加して注目されている。

(2)　地域に定着している伝統的産地

①京都府綾部市の事例

綾部市は京都府下では、サンショウの最大の産地である。しかし何haとまとまって栽培されている地区もなく、現在では東部と西部地区を中心に散在して、山麓や傾斜地などにつくられているものが多い。実サンショウ（朝倉サンショウ）、花サンショウ、葉サンショウのいずれもが栽培されているが、面積的に多いのは実サンショウである。

綾部市物部町岸田には、北斗農園という京都府指定の果樹苗木専門店があり、サンショウの苗も育成販売しており、京都府下で出苗量ナンバーワンである。農場には立派な見本園もあり、綾部市が現

第3－5図　京都府綾部市の集団サンショウ園

在産地になっているのはこの北斗農園の影響が大きかったと思っている。サンショウの品種改良や生理生態的研究、整枝せん定、接ぎ木や挿し木など幅広く研究されていた田中嘉二園長は故人になっておられ、現在は奥さんが引き継いでおられる。筆者が普及員として綾部普及所に在職中、田中園長とは、サンショウ栽培を研究する仲であった。田中園長が、サンショウの見本園を綾部市の中心部で一緒につくろうといっておられたことは忘れることができない。

②京都府天田郡三和町の事例

三和町は京都府北部の山間地で、水田面積の少ないところであるが、夜久野町とともに樹木の苗木づくりが盛んな地域である。

川沿いの山麓や傾斜畑などにサンショウが栽培されている。朝倉サンショウを利用した実サンショウ栽培がほとんどであるが、花サンショウ、葉サンショウも栽培されている。

三和町は京都府のサンショウ栽培三大産地の一つで、たいへん熱心な町である。とくに生産農家の団結が強く、農協や森林組合、町役場を動かし組織的な連携も強い。筆者は約十年前に三和町の林業研究会の会長であった藤田隼甫《としまさ》氏の紹介で、三和町と農協、振興協議会合同のサンショウ栽培講習会に講師として招かれたことがある。その開会の挨拶で農協組合長は、三〜五年先にはサンショウの生産量を二〜三倍に引き上げたいと思っているといわれたことを覚えている。こうした三和町民あげての取組みが功を奏して、現在では約三倍の生産量となり、天田郡では夜久野町と合わせた大きな産地に発展している。

また、藤田氏がサンショウ苗木の繁殖技術の研究成果を還元しようと、自分自身が講師になって毎年一回の挿し木講習会を開いて指導されているが、こうした長年の努力の結晶でもあると考えられる。

③京都市花脊別所地区の事例

この地区は京都市の北部で標高五〇〇〜六〇〇mの高冷地の山合いにあり、中央を谷川が流れ、下流には鞍馬や、貴船があり全国からの観光客でにぎわっている。谷川の両側には二〇〜三〇年もたっているサンショウの樹があり、実サンショウや花サンショウ、葉サンショウが栽培されている。老木のわりに生育は旺盛で、収量・品質とも優れている。

二〇名前後のサンショウの栽培グループが組織されており、一部自家用にするものの大部分は生果として販売していたが、最近では付加価値を高めるために、佃煮加工販売に取り組む生産者が増えている。佃煮に加工して、鞍馬や、貴船、高雄、嵯峨嵐山など京都市内の観光地に販売しているが、別所のサンショウは、標高が高いので芳香がとくによいといわれ注目されている。葉サンショウも佃煮として観光地でよく売れているという。

なかでも花サンショウは、京都の祇園や木屋町の高級料理店で人気を呼んでいるなど、最近特に需要が拡大している。地元の小谷屋という老舗高級料理屋を通じて、宮内庁に献上されたこともあったといわれている。花サンショウは、生産者の高齢化と後継者の不足で需要に対応しきれていないのが実情である。

④京都府相楽郡笠置町切山地区の事例

切山地区には、約二五名の組合員で組織されているサンショウ生産組合がある。組合長の植田隆夫氏によると、この地区は昔から切山キュウリで有名であったという。

サンショウの品種は朝倉サンショウで品質もよく、数ha栽培されているが正確な栽培面積はわからないといっている。市場出荷や業者への販売がほとんどであるが、漬物や香辛料、漢方薬、食品、化粧品（香料）などの業者が、大阪や東京方面からも入り込んでいるといわれている。

このように切山サンショウは品質がよいので人気があるが、老木樹が多く、収量は低下傾向にあり、その対策として新しい植栽計画が笠置町役場や農協で立てられ、強力に推進されているようである。

4　サンショウの産地育成と継続のために

(1)　よき指導者の確保

全国の野菜、果樹、花卉などの先進地を視察したり、見学するなかでいわれることは、「このようなすばらしい産地になったのは、よき指導者がいたからだ」ということである。筆者も多くの先進地視察を重ねてきて、そのとおりだと思っている。

よき指導者をどのように確保していくかが、もっとも重要課題である。これは、その地域の農業関係機関、団体の管理責任者の先見性と創造性に待つところが大きいと考えられる。

(2)　拠点農家（地域リーダー）の育成

産地の育成計画を立て推進する場合、まず、拠点農家（地域リーダー）を選んだり育成して普及の核をつくることが需要である。

拠点農家の役割は、サンショウ栽培を自分で実践し、これに賛同する栽培者を推進する原動力になってくれる人である。筆者は農業改良普及員として多くの産地を育成してきたが、部落ごとに拠点農家を二人以上つくることが理想的である。

(3) 生産組織の育成とその活動

まず、三人以上のグループをつくることが大切である。補助事業にしても、最低三人以上で共同とみなされ該当するからである。

また、融資制度でも個人より団体や共同のほうが有利になっている。サンショウ栽培でも、個人では限界があることでも、団体になれば、組織力で可能になることも多い。このような利点を再認識すべきである。

組織をつくるときは、その組織に適合した規約をつくって、活動することが大切である。また、役員の選出や、事業計画の決定は全員の合意によって行なうようにすることがよい。

サンショウ栽培先進地の共通活動事項を列挙すると下記のとおりである。

①役員会、および全員会議の定例化（毎月一回）
②サンショウ栽培講習会の開催（年一回）……一月
③サンショウ栽培の先進地視察と、市場の見学（年一回）……五月
④現地研究会の開催（年三回）……十二月　整枝せん定、三月　接ぎ木実習、六月　挿し木実習
⑤展示圃、技術確認圃の設置（部落ごとに一カ所設置）

⑥その他の課題

ア、資金問題、補助事業、融資制度の活用

イ、サンショウ栽培者数と面積の拡大

ウ、収穫労力問題、シルバー人材センターの活用

エ、共同出荷体制の確立と精算問題

オ、集荷施設、保冷施設などの設置問題

第4章 サンショウ栽培の実際

実とり栽培の実際

1　生育ステージと栽培のポイント

(1)　サンショウの一生と栽培のねらい

サンショウは、植付け後約六年間の幼木期を経て成木になると考えられる。栽培の目的からこれをさらに区分すると、育成期（一〜三年目）、結果初期（四〜六年目）、結果最盛期（七〜一三年目）、結果衰退期（一四年目以降）に分けられる。

寿命は長いもので三〇年、なかには五〇年に達するものもあるが、栽培の場合の経済的寿命はふつう約二〇年である。寿命の長短は苗木の質（とくに台木の種類が問題で、イヌサンショウを用いると寿命が長い）、育成期の樹づくりの良否によってかなり決定づけられるが、毎年のせん定で、結果量をおさえ、「成りづかれ」を防止することで長くすることができる。ただし、乾果の生産を行なう場

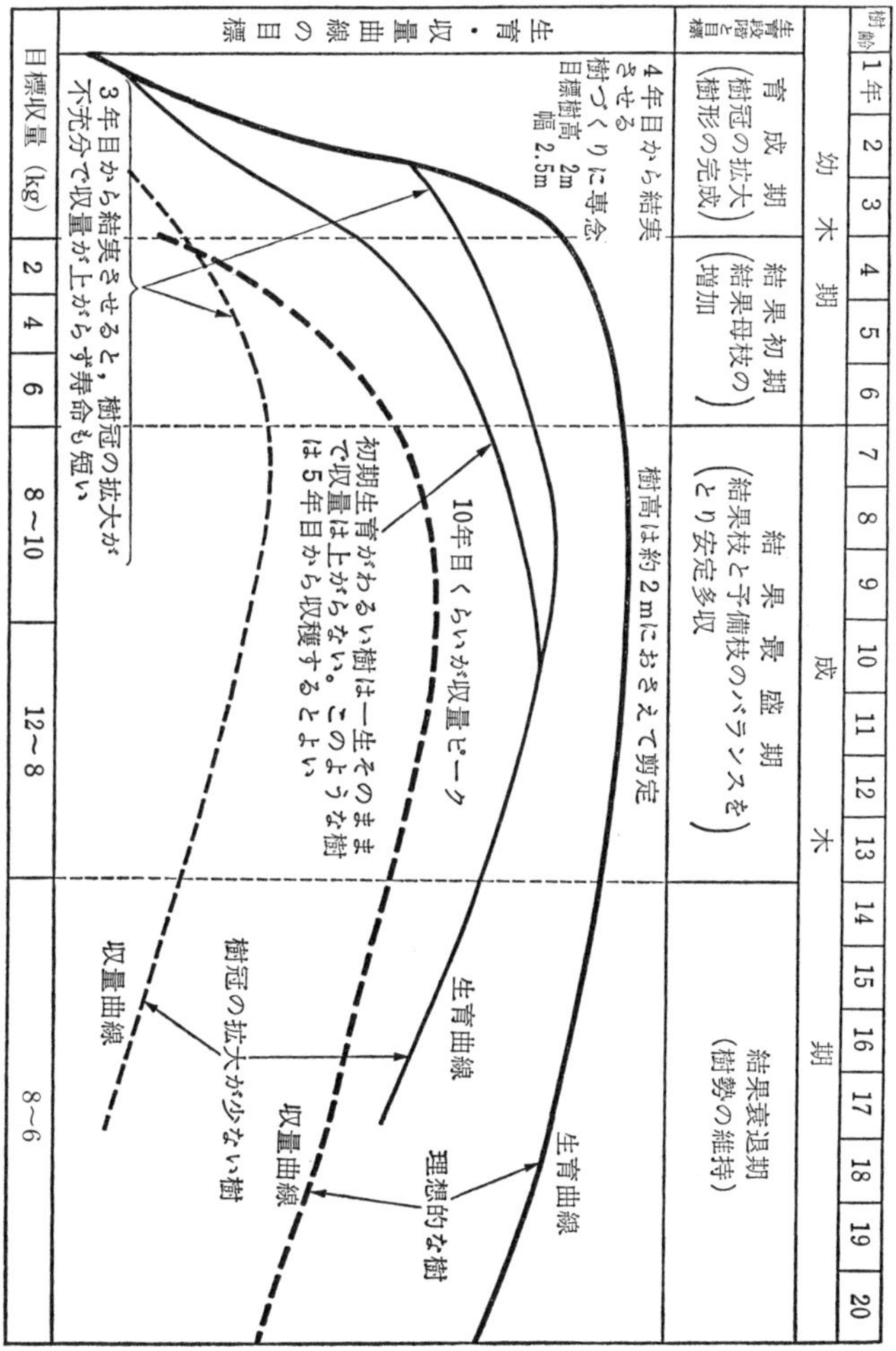

樹齢
1年 2 3 4 5 6 7 8 9 10 11 12 13 14 15 16 17 18 19 20
幼木期
成木期
生育段階と目標
育成期（樹冠の拡大）（樹形の完成）
結果初期（結果母枝の増加）
結果最盛期（結果枝と予備枝のバランスをとり安定多収）
結果衰退期（樹勢の維持）
生育・収量曲線の目標
4年目から結実させる
樹づくりに専念
目標樹高 2m
幅 2.5m
樹高は約2mにおさえて剪定
10年目くらいが収量ピーク
初期生育がわるい樹は一生そのままで収量は上がらない。このような樹は5年目から収穫するとよい
3年目から結実させると，樹冠の拡大が不充分で収量が上がらず寿命も短い
生育曲線
理想的な樹
収量曲線
生育曲線
樹冠の拡大が少ない樹
収量曲線
目標収量（kg）
2
4
6
8～10
12～8
8～6

第4－1図　サンショウの一生と生育の時期区分

合は、樹上で果実を成熟させるため樹の衰弱が早く、経済的寿命は五年ぐらい短くなると考えるのがよい。

優良系統の苗木を用い、適切な栽培管理を実施した場合の生育のようすは、第4―1図のようになる。

①育成期

はじめの三年間は樹づくりの期間であり、収穫開始までの準備期間ともいえるが、サンショウ栽培が成功するか否かは、ほとんどこの三年間で決まるといってよい。

サンショウ栽培でいちばん困ることは、樹がよく枯れることである。とくに、一～六年の幼木期に枯れることが多く、なかでも育成期間中の一～三年がもっとも多い。この三年間を枯らさずに経過させることが第一の課題である。サンショウはわずかな環境の悪化でも枯れるので、細心の注意をはらい、後述の管理を確実に実施することが大切である。

一方、樹形をつくりあげるのもこの時期の課題である。これまでの栽培はほとんどが放任状態で、樹形も確立されず、整枝・せん定もなされていなかった。このため収量も低く、一〇a当たり収量は全国平均で一〇〇～二〇〇kgといわれ、また大木になるために収穫がたいへんで、一人一日当たりの収穫量は一〇kgが限界であった。これからのサンショウ栽培では、集約的な整枝・せん定で安定多収を目指すことはもとより、高齢の生産者が多い今日では、収穫が楽にできることも大切なことである。

こうした点から筆者が開発・普及してきたのが盃状《はい》わい化栽培である。この樹形は日光の照射をよくして樹冠内部まで結実させることにより一樹当たりの収量を飛躍的に高め、さらに密植にすることによって一〇a当たり収量を一〇〇〇～二〇〇〇kgまで高めることも可能になった。また、樹高を二m程度に抑えることで、高齢者や女性でも楽に収穫でき、増収の効果とあわせて一人一日当たりの収穫量も五〇kgと五倍になった。

②結果初期

三年目から結実するが、成らせると樹が弱るのでこの年は全部摘蕾し、四年目から収穫を開始する。一樹当たり四年目で二～三kg、五年目で四～五kg、六年目で六～八kgの収量が見込まれる。ただし、六年目までは結果最盛期の収量を増加させることを考えるべきで、無理に成らせて樹を弱らせることは禁物である。この時期に無理をさせると、寿命を縮めることにもなる。

収量増加のおもな要因は、結果母枝数の増加である。したがって、充実した結果母枝をいかに多く確保するかがこの時期の課題ということになる。後でも述べるように、サンショウは前年伸びた新梢に花芽が形成されていて、これが萌芽伸長して先端に開花・結実する。しかし、実を成らせた枝は消耗しているので、その年に充実した新梢を発生させる力がない。つまり、すべての枝に実を成らせると、翌年の収量が著しく少なくなるばかりでなく、はなはだしい場合は負担に耐えかねて樹が枯れる。したがって、伸長した枝の半数は冬の切返しせん定と春の摘蕾を実施して翌年結実させる枝（予備枝）

とし、勢いのある新梢を吹かせる。このことによって、結果過多を防ぐと同時に、充実した結果母枝を多数確保することができる。

結果最盛期に入るまでに、一樹当たり二〇〇本ほどの結果母枝が確保できれば理想的である。また、すでに樹形は完成しているので、せん定にあたっては樹高をそれ以上高くしないように注意する。

③結果最盛期

実サンショウは、苗木植付け後、七〜八年目で成木樹となり、この時期の収量は、一本当たり八〜一二kg、平均一〇kgくらいが期待できる。そして、収量・品質も安定して、実サンショウの一生でもっとも樹勢の盛んな時期である。この期間はふつう六〜七年つづくものであるが、圃場の条件や肥培管理の方法によって大きく左右される。結果最盛期が長くなればなるほど樹の経済的寿命が長くなり収量の増大に結びつき、サンショウ栽培の経営的成果が高まるものと考えられる。

また、この時期が実サンショウの一生の収量を決定づけるもっとも大切な時期なので、生産技術との関係では、整枝・せん定（切返しせん定による隔年結果の防止）、施肥（元肥の時期と量、方法）、病害虫防除の徹底（冬季の基本的防除に重点をおく）の三課題の追究が大切である。

④結果衰退期

サンショウの収量は植付け後一〇年目ぐらいがピークで、一四年目あたりから徐々に減少してくる。これは、樹が衰退してくるために充実した結果母枝の育成が困難になり、また一つ一つの房も小さく

第4－2図　10年生の実サンショウ樹

1本から15kgとれる

なってくるためである。さらに、果粒の着色や肥大も悪くなって品質の低下も問題になってくる。したがってこの時期の課題は、樹の衰えを緩和し、経済寿命を一年でも伸ばすことにある。

樹勢の低下している樹に対しては切返しせん定を行ない、枝の充実しているところまで切り戻して勢力の回復をはかる。ただし、サンショウはほかの果樹にくらべて潜伏芽が出にくいので、強せん定は避けなければならない。むしろ日光の照射をよくすることを主目的と考えて、間引き的なせん定を行なうほうがよい。上向きの勢いのよい枝をうまく利用することなども工夫すべきであろう。

また、樹が衰えてくると、病虫害に弱くなるので、防除を徹底する必要がある。春になって萌芽後では薬害が出やすいので、休眠期間中二回の防除を徹底する。

(2) 年間の生育サイクルと栽培のねらい

①萌芽・展葉期

サンショウの萌芽展葉期は、一年間の出発点であり、樹勢を診断するうえでも重要な時期である。また、この時期は霜害と関係が深く、サンショウの年間収量を左右するとまでいわれている。

芽が出る時期は年によってちがうが、綾部市では早くて三月中旬、遅くて三月末ごろである。結果母枝（前年の新梢）から新しい結果枝が伸びはじめる。

樹勢が健全であるといっせいにきれいに若芽が発生するが、樹勢が弱っていると、昨年発生した枝からの萌芽が歯抜けになったり、まったく出ない場合もある。このようにそのときの萌芽状態によって、豊作が不作かを占うことができる。

②開花・結実・収穫期

四月下旬〜五月上旬ごろ、一〇cmほどに伸びた結果枝の先に雄花、雌花とも開く。雌花の子房は五月下旬ごろから急激に太り、六月上旬ごろ、種子の黒変がはじまるころには肥大が止まる。このときに養分が不足していると、肥大が十分にすすまず硬い実になる。品質も悪いし、収量も上がらないことになる。収量増と品質向上は一致する。幼果の肥大中は各粒の太りに差があり、粒肥大の止まるこ

第4—3図　実サンショウ（佃煮用）の年間の生育とおもな作業

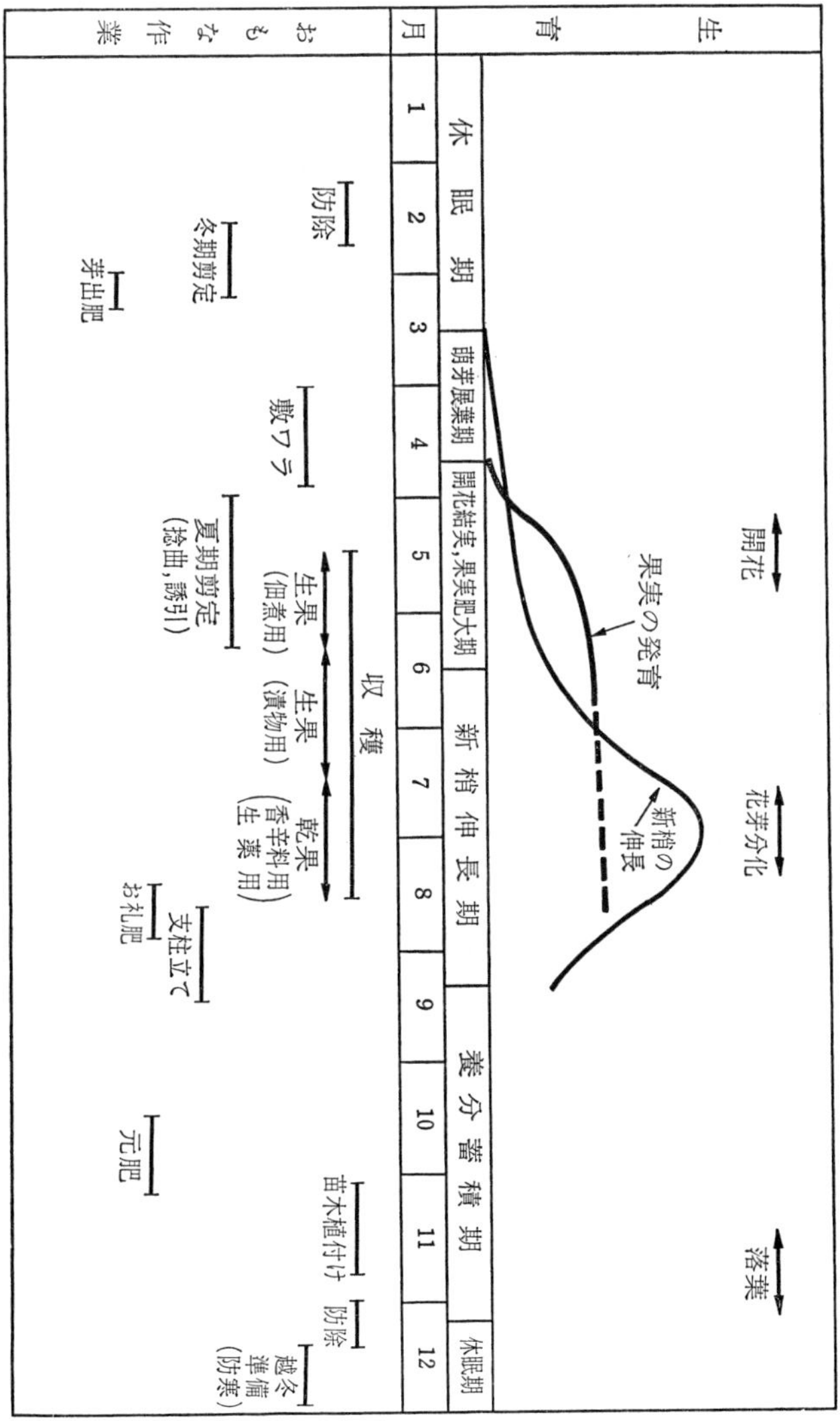

ろには差が少なくなる。

幼果の太りが止まり、中の種子が黒くなるまでの一〇日間ほど（五月二十五日～六月五日ごろ）が佃煮用生果の収穫期である。その後、中の種子が硬化するが、七月十五日ごろまでの実もぬかみそ漬け用として出荷する。梅雨明けから八月中旬ごろ、果皮が紅変するまでの間に収穫した房は乾果とする。

実は放置すれば冬期ごろまでついているが、収穫期が遅れるほど木を弱める原因となる。

③新梢伸長期

新梢の伸長は萌芽時からはじまるが、果実を収穫するころまではあまり伸びず、収穫後に急速に伸び、九月まで伸長がつづく。七～八月がもっとも盛んに伸び、九月には止まるが、場合によって秋芽（二番枝）が出てくることがある。これは軟弱で、病気や霜に弱いのでよくない。落葉も遅くなる。野菜を間作などして肥が切れないと、二番枝が出やすい。

落葉期までに伸びる新梢の長さは、若木で六〇～九〇cmくらいである。成木になると三〇～六〇cmと、伸長率は低下する。また、チッソ過多や、曇天日数が多いと軟弱徒長となって、一m以上も伸びることがあるが、これはよくない。

この時期に充実した枝をつくるかどうかは、翌春の展葉や開花・結実の力に大きく影響し、収量をも左右する。樹冠の日当たりをよくし、充実した新梢が発生するよう施肥と整枝・せん定に気をつけることが大切である。

なお、乾果用の場合は、実の肥大と新梢の伸長が並行するので、枝の伸びが弱い。もともと乾果用種のブドウサンショウは開張性が強く、あまり強い新梢は出ない。

新梢の伸長は、花芽の分化とも密接な関係がある。サンショウの花芽分化期は、ウメとモモとの中間くらいに位置し、七月下旬～八月上旬ごろである。したがって、この時期の天候が翌年の収量にもっとも関係が深く、八月が日照不足の場合は、翌年のサンショウは不作だといわれている。いわゆる花芽分化前後の新梢の充実が決定的に重要だといえる。この時期までに新葉が十分に展開し、活発に光合成を行なうような生育になっているかどうか、点検してみる必要がある。

④養分蓄積期

サンショウの養分貯蔵は、果実の成熟期が終わる九月上旬ごろから休眠期に入る十二月上旬ごろまでではないかと考えられる。

貯蔵養分の多少は、翌年の新梢の伸び方に表われる。C／N比が四対六ぐらいだとよい枝が出てもっとも花芽がよく着く。充実のよいものは萌芽～伸長が早く、新しい葉での光合成開始も早い。

元肥の施用は十月末までに終わり、休眠期までに吸収させてやらねばならない。休眠期までに施用した肥料がほとんど吸収され、春には残っていないことが大切で、元肥が春になって効くようなことになると、新梢が軟弱に伸長し、枯死株が急増するといわれている。

一方、元肥の時期が早すぎると、秋枝が伸びて遅くまで新葉が展開するようになる。貯蓄されるべき養分が枝の伸長と葉の展開に消費され、落葉とともに落ちてしまうので、翌春の新梢の出かたが悪くなる。

⑤休眠期

十二月上旬から二月下旬まで、休眠期に入る。

従来は、この休眠期に施肥、冬季防除、冬季せん定などが行なわれていたが、今日では、施肥は十月に、また、せん定も寒害を助長するということで二月下旬〜三月上旬に改善されてきている。冬季防除は、第一回を十二月ごろに、第二回を二月下旬ごろ、実施されているのが現状である。

休眠期には結果母枝の充実度を観察する。節間が詰まり芽の数が多いものはよい生育である。ひょろひょろと伸びて芽の少ないものは着果する粒数が少ない。結果母枝の先端から六〜七節までに結実するが、先端のものから元のものまで、粒数が平均して多くつくものがよい。悪いものは先端に多く、元が少ない。

2 苗木の入手法と繁殖法

(1) 優秀系統の健苗を確保する

サンショウも他の果樹と同じく結果するまでその苗木の能力（収量と品質のよいもの）がわからないものである。もし、この時点でわかったとしても植え替えていたのでは三〜四年遅れてしまう。したがって販売目的や、用途別に優良種苗店より遺伝的に優秀な系統の苗木を確保しなければならない。

苗木の質の良否を見る場合、接ぎ穂がどこの産地または生産農家から入っているのかを調べる必要がある。優秀な系統の苗木は、一般の種苗店で販売されているものではない。良質の苗はどちらかというと小苗であり、その割に充実しているものがよい。大苗は朝倉サンショウのアカメ種や不良系統の変質したものが多い。

現在、栽培されている優秀な系統には、一房粒数が一二〇粒に及ぶものもあるがこれらは、数千本のなかから突然変異的に一〜二本発生するにすぎない。優秀な系統のものが発見されれば、品種育成圃などを農協や市町村で設置して母樹の保存に努めなければならない。

一方、サンショウの苗木は接ぎ木苗がほとんどであるが、苗の質を見る場合は台木の種類にも注意する必要がある。サンショウの台木はイヌサンショウが一番強健でよいとされている。しかし台木の繁殖が困難で、多くの場合野サンショウが利用されている。また、挿し木台木も多く利用されるようになり、細根が豊富で活着率は良好である。

いったん優秀な系統を確保したら、これを母樹にして繁殖をはかることが大切である。

朝倉サンショウの繁殖には、接ぎ木による苗木の養成が必要である。実生苗ではトゲのある苗木となり、成木になっても果実が小さく着き方もまばらで、著しく収量が減少するので適当でない。これは一般果樹類に見られる傾向と同様である。

(2) 台木のつくり方

①種子の確保と貯蔵

七月下旬から八月下旬サンショウの果実が緑色から黄色に変色するころ、すなわち果実のもっとも充実したころ採種する。

九月下旬以降成熟して果実が赤色となり、その後、完熟して果皮が裂開するまでおいたり、あるいは十月以降自然に落下するまでおいた種子は、発芽率が著しく劣るので、採種時期を誤らぬことが大切である。

採種後五～六日陰干しすると、果皮が裂開するので、篩《ふるい》にかけて種子と果皮を分離して選別する。

種子は、貯蔵中に乾燥すると発芽力を失うので、木箱とかカメなどの容器に五倍量の川砂に混合して詰め、納屋や縁の下などの冷暗所に貯蔵するか、または庭先や軒下などに浅い貯蔵穴を掘ってその中に埋め、内部に雨水の浸入しないよう蓋をし、土を覆って貯蔵する。

台木にするサンショウの種類はいずれでもよいが、イヌサンショウが最適である。イヌサンショウはもっとも野性的で強健であり、とくに、根張りがよく栽培結果が良好である。

②タネまき

二月中・下旬がタネまきの適期である。苗床は過乾地は避け、保水力のある場所を選ぶ。元肥に完熟堆肥、草木灰、鶏ふんなど、有機質肥料を全面に適宜施し、深耕、砕土し、幅一m、高さ一五cmのまき床をつくる。まき床ができたら横に一〇cm間隔にまきすじを引く。深さは一cmほどでよい。

タネまきにあたっては、まきすじにたっぷりかん水してから三cmに一粒くらいの割でまく。まき終わったら一cmくらいの覆土をし、その上を軽くクワでおさえておくとよい。さらに苗床全面にモミガラ燻《くん》炭を床上が見えない程度に散布しておく。

③台木の管理

四月下旬ごろになれば発芽する。発芽がだいたい揃ったら除草し、尿素、硫安などを水肥として施す。五〇〇倍に調整した液肥でもよい。

春から夏にかけてはとくに乾燥に注意し、敷草、敷ワラなどで湿りを保つようにする。また害虫の

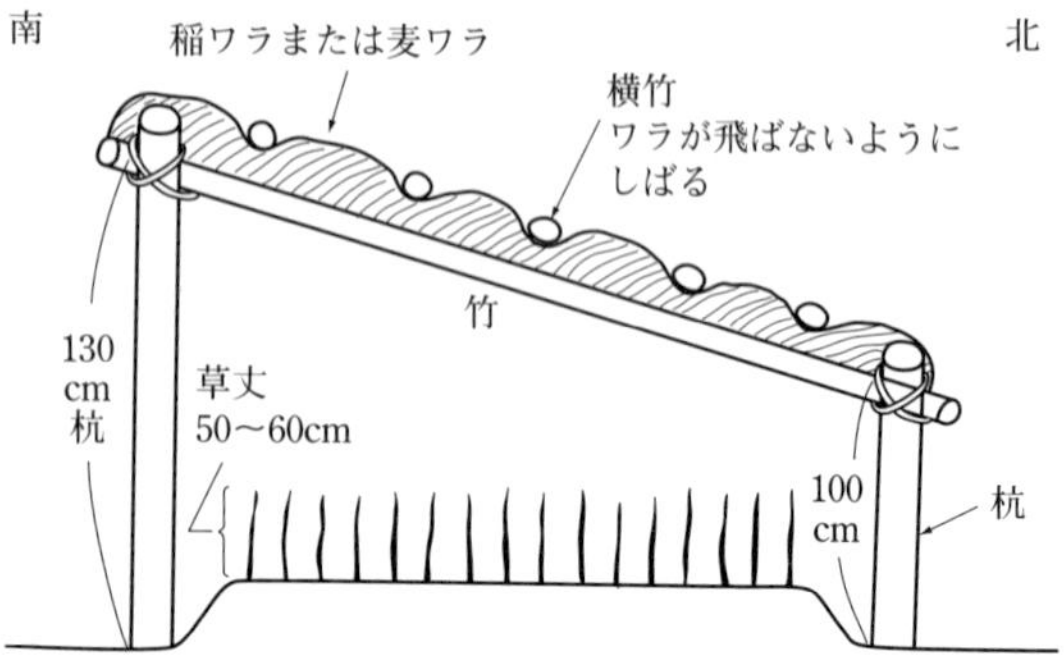

南側の杭　末口直径5cm，長さ約130cm
北側の杭　　〃　　，長さ100cm
横竹，丸　末口直径3cm，長さ適宜
縦竹，丸　　〃　　，　〃

第4―4図　簡単な雪よけ屋根（ウネ幅に合わせる）

発生にも注意したい。

株間約一〇cmになるよう、密生しているところは間引きをする。十一月ごろ越冬肥料としてチッソ、リンサン、カリの三成分をそれぞれ一〇a当たり五kg程度施しておく。冬は第4―4図のような簡単な屋根をかけてやるとよい。

とくに生長のよいものは、タネまき後二年目の春、ふつうの生長のものはもう一年同様の管理を繰り返して三年目の春に接ぎ木することができる。目安はタバコ程度の太さで、直径一cmあるとらくに接ぎ木ができる。

④接ぎ穂のとり方

接ぎ木の前に接ぎ穂の準備をしなければならない。同じ朝倉サンショウでも株によって、非常に大房性で豊産性のものと、そうでないものとがあるから、必ず豊産性の株から接ぎ穂をとる

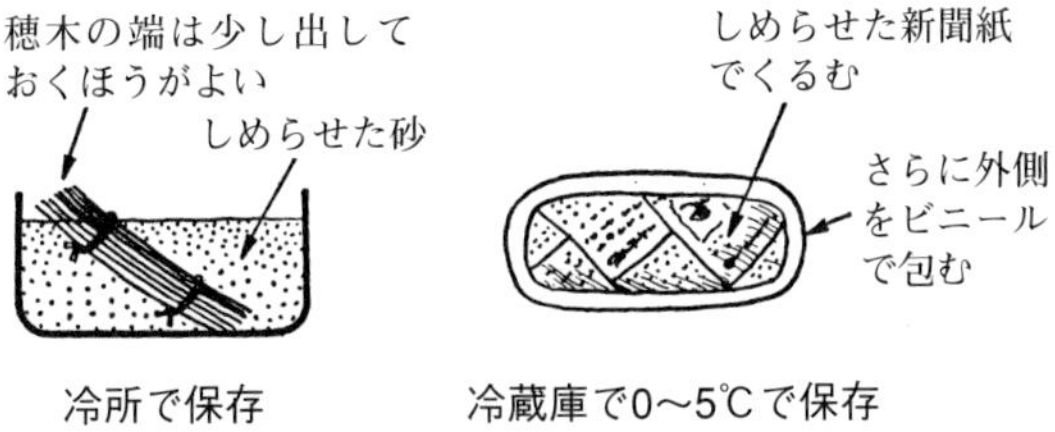
穂木の端は少し出して
おくほうがよい
しめらせた砂
しめらせた新聞紙
でくるむ
さらに外側
をビニール
で包む
冷所で保存
冷蔵庫で0〜5℃で保存

第7図　接ぎ穂の使い方

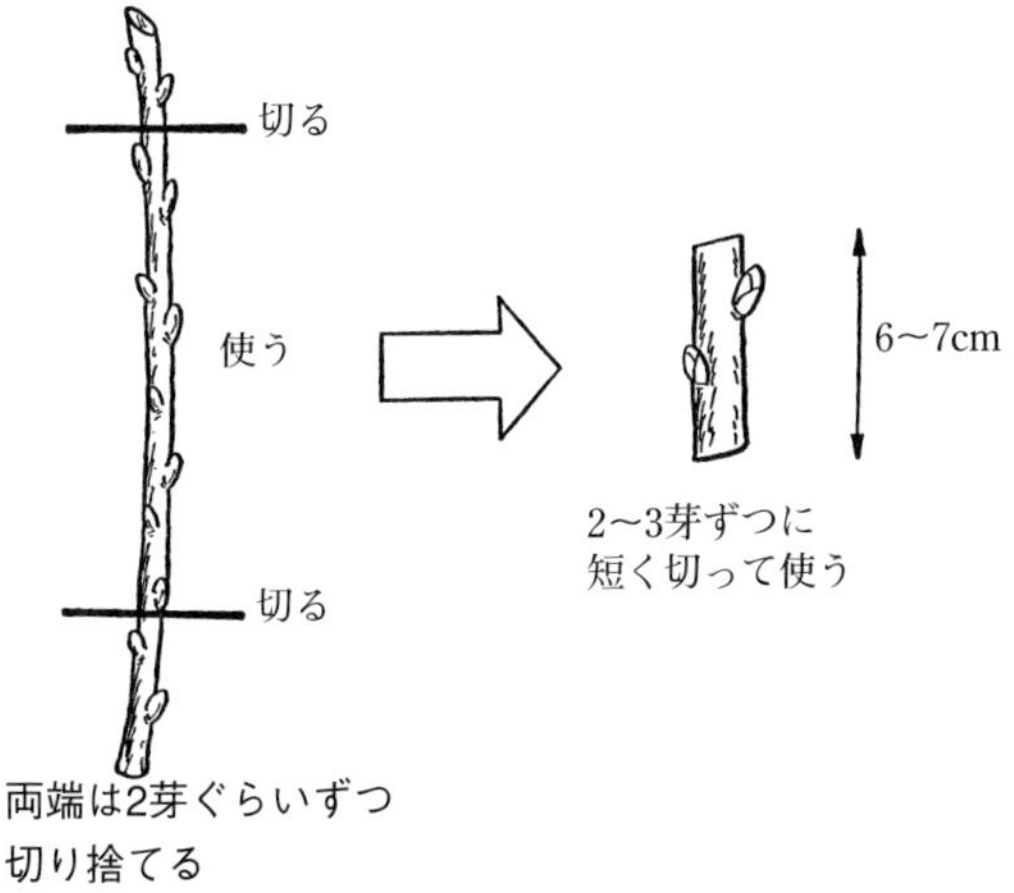
切る
使う
切る
6〜7cm
2〜3芽ずつに
短く切って使う
両端は2芽ぐらいずつ
切り捨てる

第4−5図　接ぎ穂の保存法使用部位

ように心がけなければならない。時期は二月下旬が適当である。接ぎ穂は新枝から採取し、接ぎ木をするまで第4―5図のようにして枯らさないよう保存する。

⑤接ぎ木のやり方

接ぎ木の適期は春の彼岸前後である。すなわち、三月中旬の終わりから下旬の初めごろである。この時期をはずれると活着率がきわめて悪くなる。

台木は床に植えたまま地上一〇cmほどで切断し、接ぎ穂は第4―5図のように

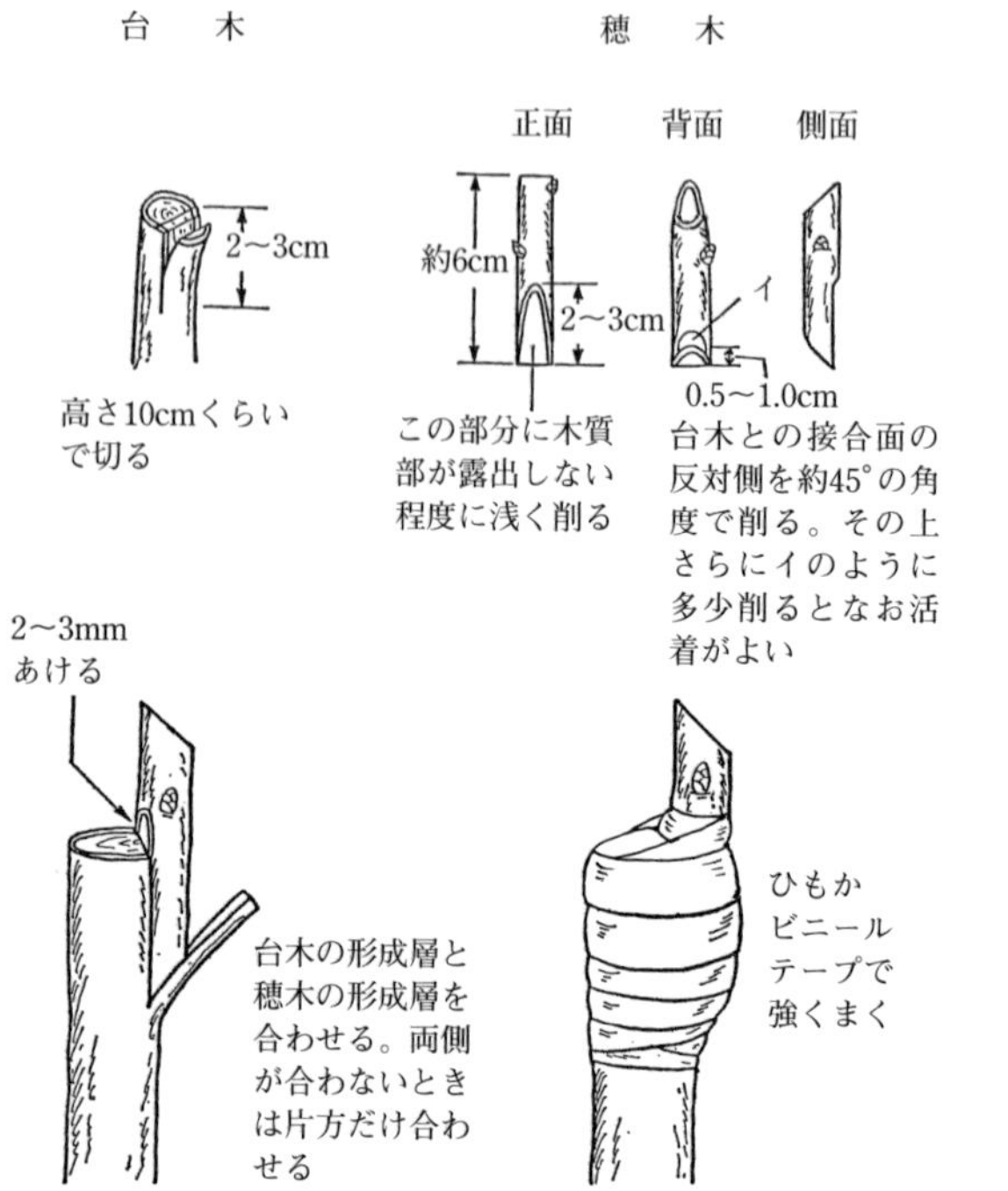
台　木
穂　木
正面
背面
側面
2～3cm
約6cm
2～3cm
イ
0.5～1.0cm
高さ10cmくらいで切る
この部分に木質部が露出しない程度に浅く削る
台木との接合面の反対側を約45°の角度で削る。その上さらにイのように多少削るとなお活着がよい
2～3mm あける
台木の形成層と穂木の形成層を合わせる。両側が合わないときは片方だけ合わせる
ひもかビニールテープで強くまく

第4−6図　接ぎ木の要領

完全芽二～三芽を着けて六～七cmに切り取る。接合する部分は鋭利な小刀で切り、第4—6図のように形成層と形成層を接ぎ合わせて強いひもかビニールテープなどで堅くしばっておく。活着するまでは第4—7図のようなトンネルをかけ、直射日光を避けるとともに高温多湿に保ったほうが成績がよい。

秋、落葉するころまでには六〇cm以上、成績優良な株は一mにも達するので苗木として販売するか、本圃に定植する。

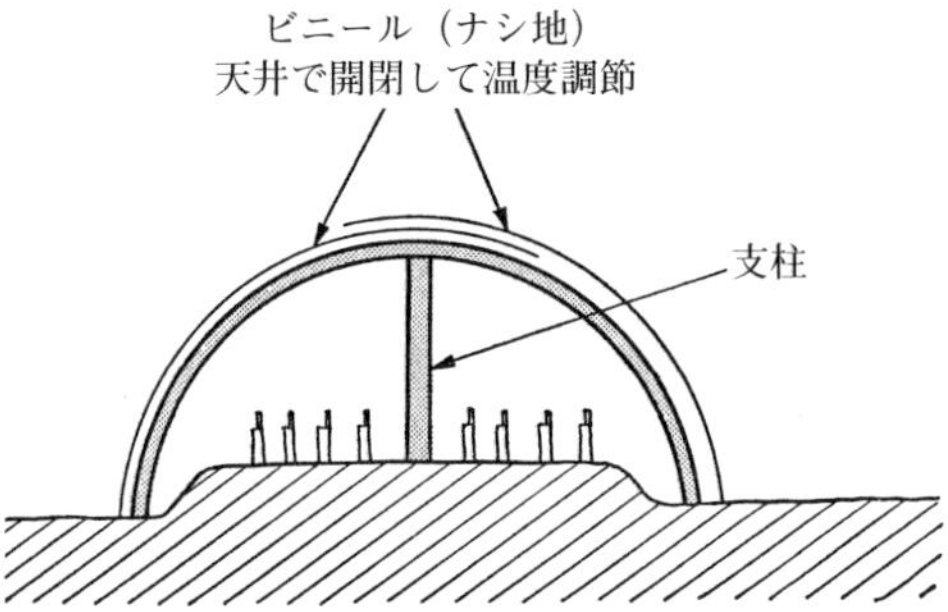

活着までの温度管理のめやすは30℃。夜間はビニールの上にさらにコモをかける。ビニールは4月中旬ごろ除去するが支柱は残し，夜間のコモかけは晩霜の心配がなくなるまで続けたほうがよい

第4—7図　接ぎ木後のトンネル管理

(3) 挿し木繁殖法

大量に苗が必要な時は挿し木繁殖する。なお、挿し木のやり方は第4—8図を参照する。

3 圃場の準備と植付け

(1) 圃場の準備

実とり栽培の導入にあたって基本的に考えなければならない土壌条件については、「土壌条件の善し悪し」(第2章四三頁)のところで述べてきたが、このような圃場は、なかなかないものである。そこで少しでも人為的に条件をつくっていかねばならない。

まず植付け予定地が決まれば、二〜三年前から圃場つくりの準備をする必要がある。圃場の周囲に明きょの排水溝とこれに連絡する支線をつくり(第4—11図)、一〜二年そのままにしておいて、完全な排水をはかる。落差さえあれば湿田のようなところでも植えられるようになる。

1. 時期

・春挿し（前年の枝）
…3~4月上旬

・梅雨挿し（新芽・緑枝）
…6月中旬~7月中旬

2. 挿し穂の採取

・春挿し…挿し木2~3週間前に採取し，貯蔵しておいた挿し穂を使用する

・梅雨挿し…挿し木当日，午前7~9時までか，午後5~6時までに採取したものを使用する

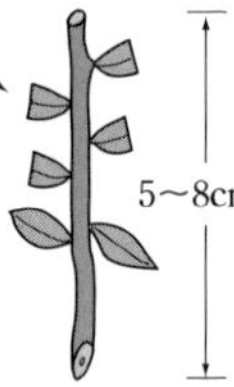
3~6葉まで半分に切除する
下2葉は切除しない

挿し穂のつくり方

3. 挿し床の準備と挿し木

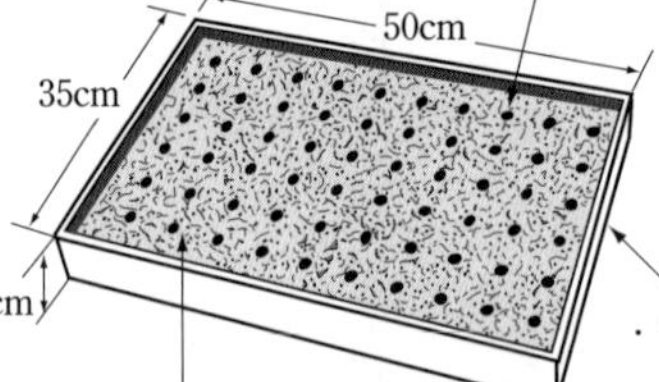
1箱に50~60本挿す。深さは約3cm
8cm

・挿し床は赤玉土（中~大粒）1~2cmを入れ，さらに小粒の赤玉土（鹿沼土でも可）を5cm入れる。表面には水ゴケを適宜敷く

・育苗箱（床は細かい穴があいているもの）を利用する

4. 挿し床の管理

・挿し木がすんだら，ハウスに入れて，ヨシズ（またはビニール，黒寒冷紗でもよい）を使用して遮光する

・適宜かん水し，温度を20~25℃ぐらいに保つ

・風にも注意し，乾燥を避けること。十分な換気をはかること

5. 移植

・9月上旬~10月下旬の間に，4~5号鉢かビニールポットに移植する。挿し木2年目の秋に定植用の苗が完成する

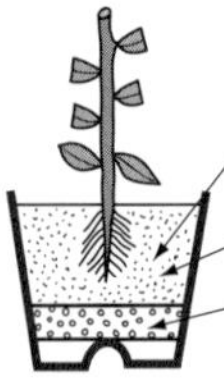
赤玉土（小粒）7，桐生砂3の割合で混合土をつくる
混合土
赤玉土（中粒）

第4−8図　挿し木の方法

その後、ウネ幅や株間を決定したら植付け地点を決め、目印の割竹を立てておく（第4—12図）。

なお、植付け間隔は列間二・五m、株間二・〇mの一〇a当たり二〇〇本植えから列間二・〇m、株間二・〇mの二五〇本植えがふつうであるが、今後は後述のわい化樹形をとり入れ、一・八m×一・八m、三〇〇本程度の密植栽培にするのが省力多収のためによいと思う。傾斜地では、土壌侵食防止のため、植付け位置は等高線上に並ぶようにする。

第4—9図　挿し木による繁殖
春新芽が発生したところ

第4—10図　挿し木苗（2年生）
細根が多い優良苗

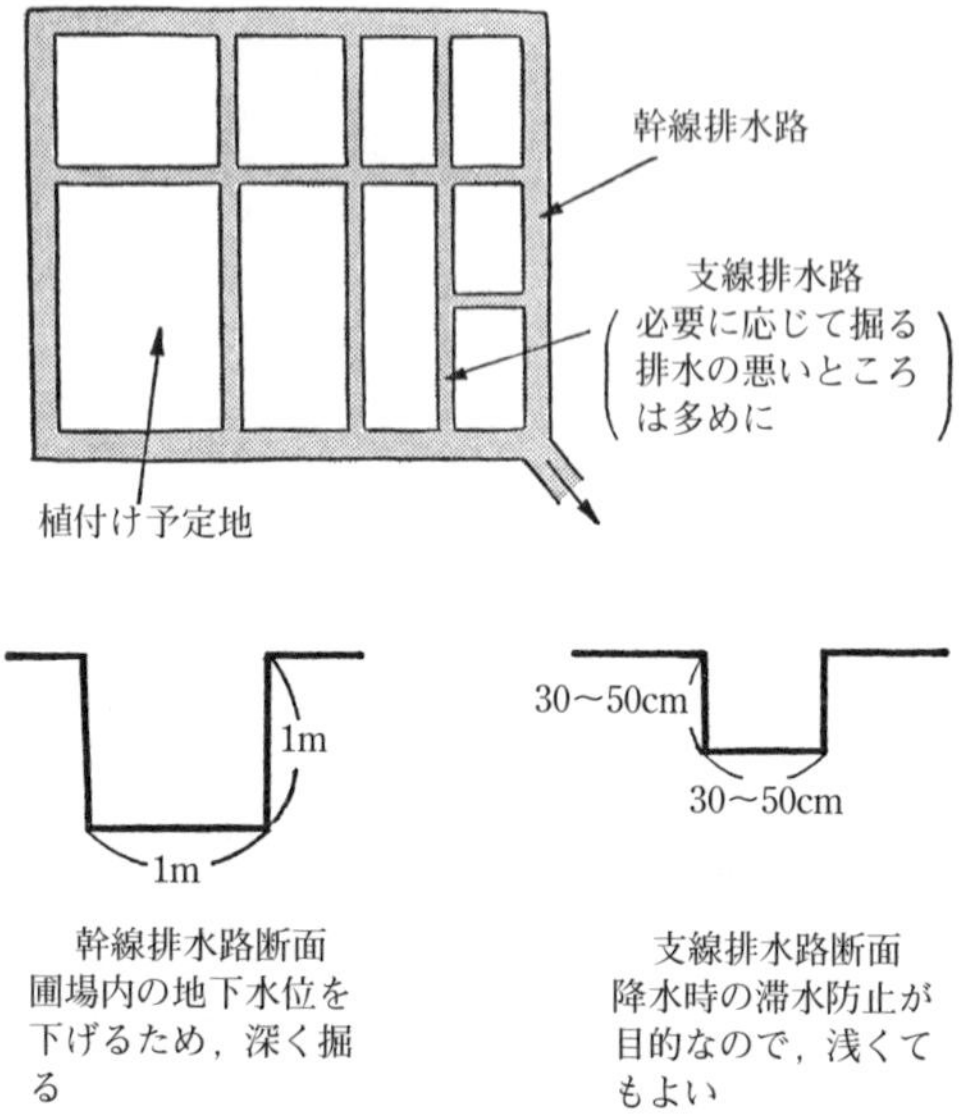

第4－11図　排水溝の掘り方

第4－12図　植付け地点の決定

植付け地点が決まったら割竹を立てて目印をおく

(2)　植付け

①植付け準備

秋植えと、春植えがあるが、秋植えのほうが根張りもよく活着が容易で、その後の生育がよい。落葉後、十一月までに定植するが、それに先だって、植え穴の準備をする。植え穴は直径一m、深さ五〇cmに掘り苦土石灰二〇〇g、ようりん二〇〇g、鶏ふん一kg、油粕二〇〇gを掘りあげた土と混ぜて、一〇～二〇kgの粗大有機物と三層ずつ交互になるよう埋めもどす。このとき、掘りあげた土を表土と心土に分け、逆になるように埋めもどすとなおよい。三〇cmほど中高に盛りあげて準備を終わる。土と肥料をなじませるため、これらの準備は七～八月にすませておくのがよい。

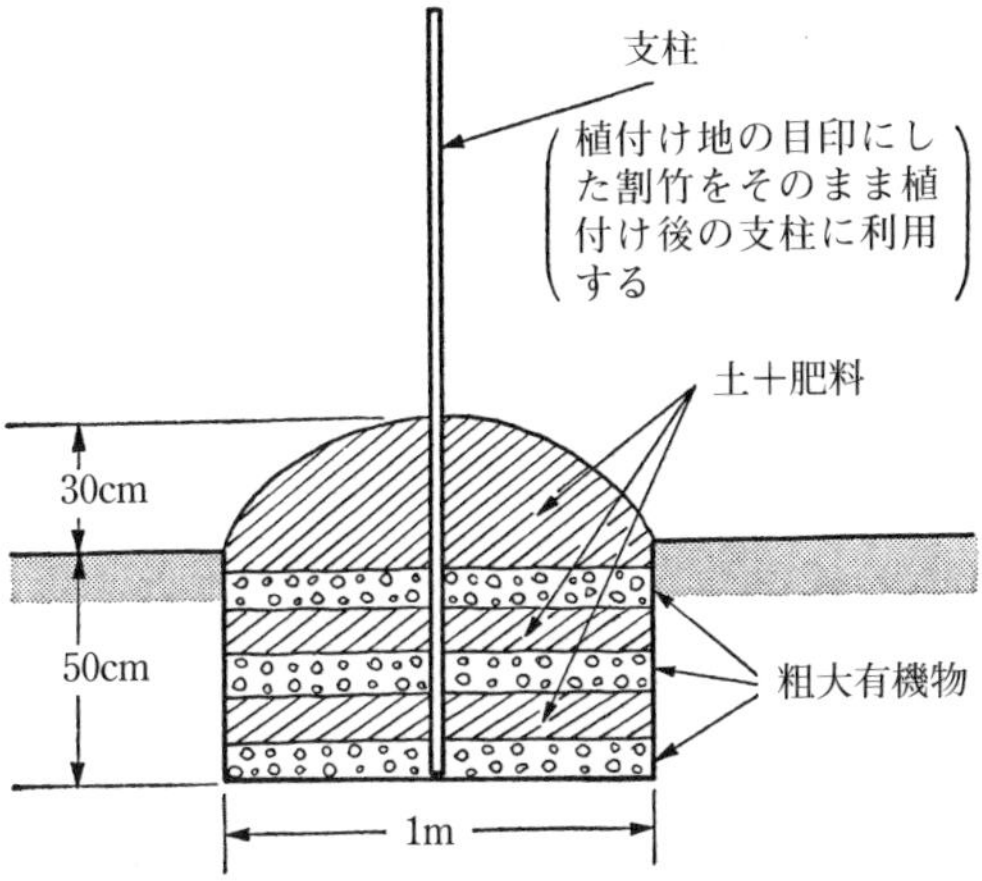

1穴当たり粗大有機物10～20kg，苦土石灰200g，ようりん200g，鶏ふん1kg，油粕200g

第4－13図　植え穴の準備

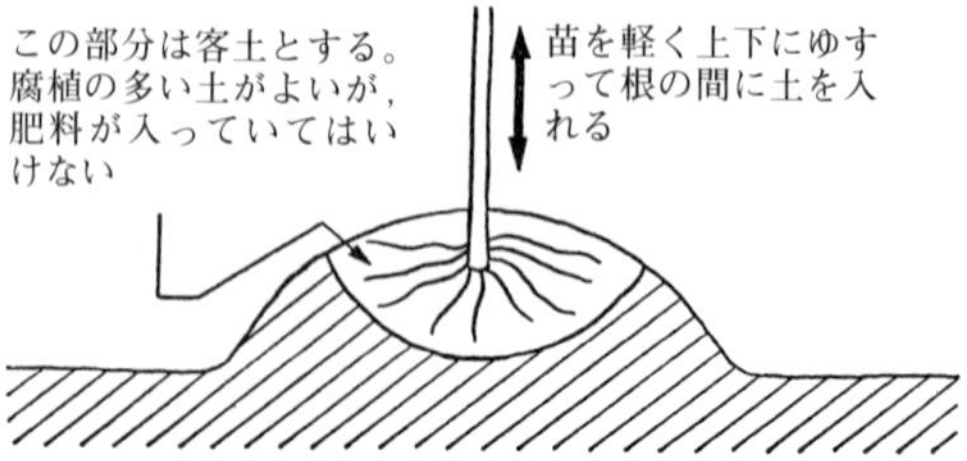
植付け後は支柱に固定し，敷ワラを忘れずに行なう

第4－14図　定植の仕方

②苗木の植付け

購入してきた苗木は水ゴケ、ビニール、コモなどで二重三重に梱包されているが、それでも乾燥の心配があるので、たとえ四～五日の短期間でも植付けまでは仮植しておく必要がある。短期間なら梱包のまま畑に植えておけばよいが、長期にわたる場合は梱包をといて仮植する。畑に仮植しておいた苗木を植付けのために畑に持ち出すときも肥料のビニール空袋に入れて、根を乾かさないようにして持ち歩く。とにかくサンショウの根は乾燥に弱いので、厳重な注意が必要である。

苗木は、植付け前に三〇～五〇cmに切り詰める。苗木を植えるときは、根を四方に広げて土をかぶせ、苗木を軽く上下にゆすって根のすきまに土を入れ、つま先で軽くおさえる（第4―14図）。植え付けたときに根がいたんでいるとムラサキモンパ病や雑菌などが入りやすいので、傷ついた根は鋭利な刃物で切り口をきれいに切り落とす。

植付け後は支柱に結束し、株元には十分かん水して敷ワラも厚く行なう。

なお、何かの事情で十一月までに定植できなかった場合は春植えにする。根が活着しない状態で冬

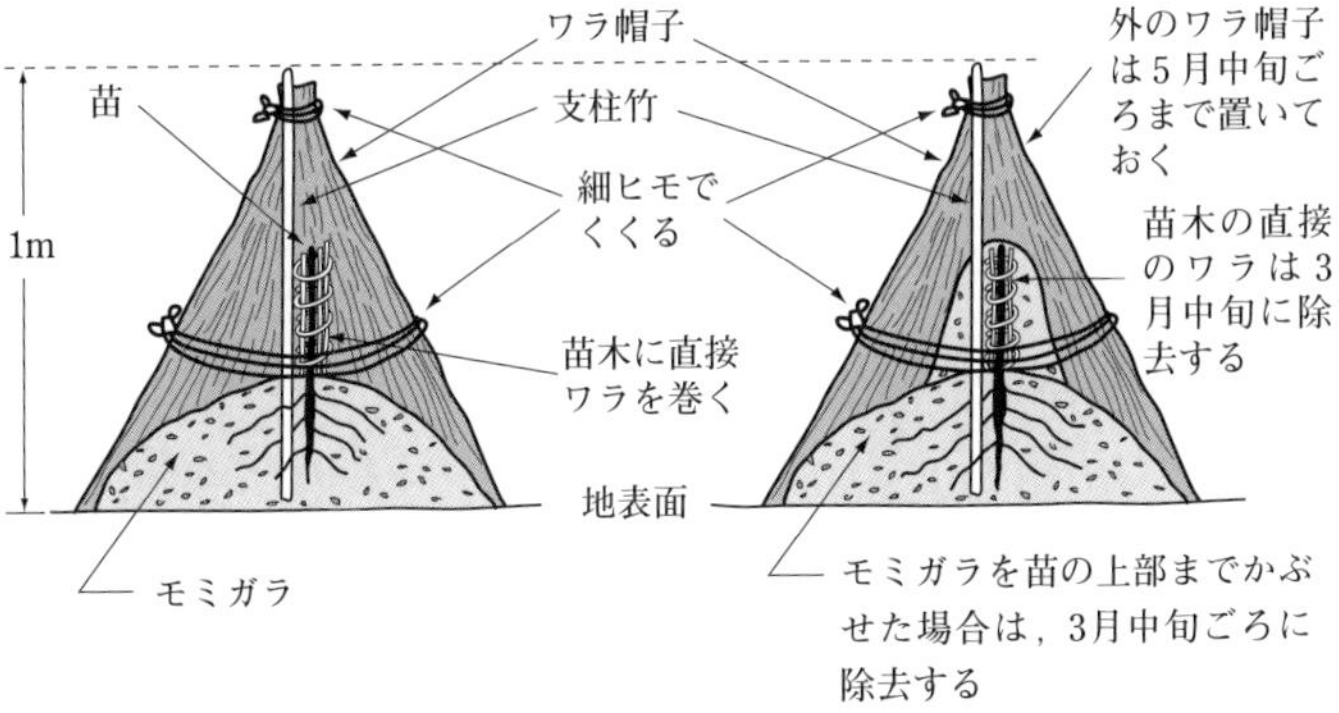
ワラ帽子の被覆
ワラ帽子除去の方法
ワラ帽子
苗
支柱竹
細ヒモでくくる
1m
苗木に直接ワラを巻く
地表面
モミガラ
外のワラ帽子は5月中旬ごろまで置いておく
苗木の直接のワラは3月中旬に除去する
モミガラを苗の上部までかぶせた場合は，3月中旬ごろに除去する

第4－15図　越冬準備

の寒気にあたるとよくないからである。

③凍霜害の防止

植付け後、冬の凍害から守るため幹にワラを巻きつけておく。さらに、株元にモミガラを十分施用し苗木全体を被うが、株全体をワラ帽子（ワラを巻きずし状に巻きつける）で被覆して、凍霜害を防止しなければならない。巻きつけたワラは、翌春の萌芽前にとらなくてはならないが、ワラ帽子は晩霜のおそれがなくなるまでかぶせておく。翌春三月中旬～下旬に萌芽が見られる（第4―15図）。

(3)　補植と更新

①補植は株間に

サンショウは、よく枯れるので、補植はしなければならないが、枯れ株の跡に植え付けても、育たないことが多い。この理由は今のところ明確ではないが、連作を嫌

第4－16図　植付け翌春
萌芽した苗（3月下旬）

う性質が強いことは明らかである。だから、株枯れが起こった場合は、前から植えている株と株の間に補植するか、クリ、ユズなどの他の作物に転換しなければならない。

②芽接ぎ更新

山どりのサンショウや実生の苗木では、雄木があったり、収量が上がらないことが多い。購入苗木でも、アカメがあったり、アオメの場合でも苗木により収量差が大きい。収量の上がらない樹を栽培しているときは、梅雨の六月下旬～七月上旬ごろに芽接ぎ更新するとよい。

豊産性の樹からその年伸びて充実した新梢の中間部の芽をとり、それを主枝の皮のコルク化していないところにT字型の切り込みを入れて接ぐ（第4―17図）。芽には葉を少しつけておくことが大切である。

芽接ぎ二年目の冬に芽が生きていることを確認して、接いだ上部で台木を切りとる。切る時期は冬せん定の時期でよいが、寒い地方では二月下旬ごろの、厳寒期を過ぎてからのほうが、切り口の癒合がよい。十二月に切ると切り口が枯れ込むことがあるので注意する。芽接ぎ三年目には結実が見られる。樹づくりを優先させるため三年目は全部摘果し、四年目から収穫するのがよい。

なお、接いだ芽は、その年に伸びた長さの三分の一を切返しせん定する。

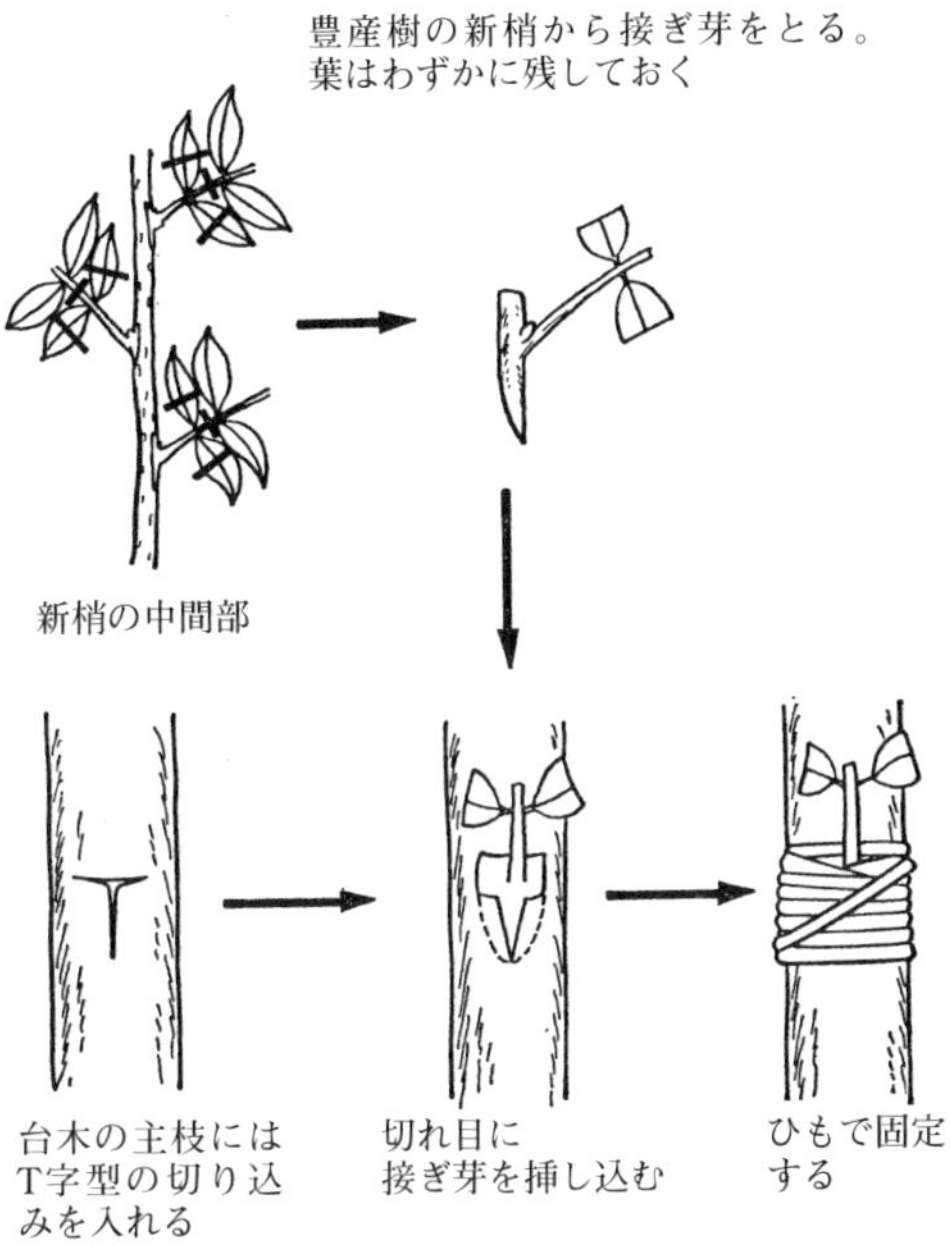
豊産樹の新梢から接ぎ芽をとる。
葉はわずかに残しておく
新梢の中間部
台木の主枝には
T字型の切り込
みを入れる
切れ目に
接ぎ芽を挿し込む
ひもで固定
する

第4－17図　芽接ぎのやり方

③更新せん定はむずかしい

また、サンショウは、更新せん定によって、新芽を発生させて若返らせることは困難で、大手術をすると、急に枯死してしまうのが通常である。だから、更新はほとんどされていない。

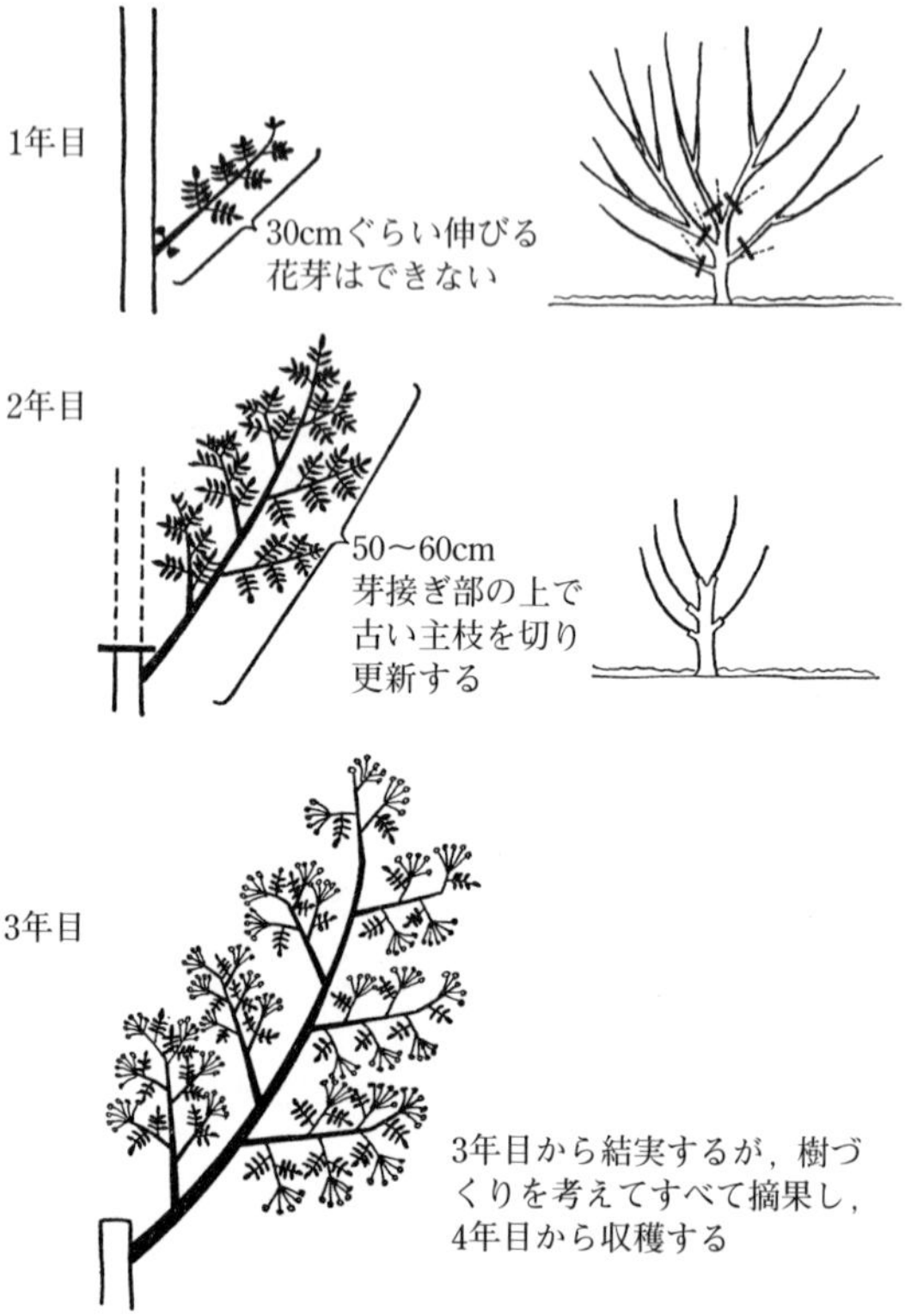
1年目
30cmぐらい伸びる
花芽はできない
2年目
50～60cm
芽接ぎ部の上で
古い主枝を切り
更新する
3年目
3年目から結実するが，樹づくりを考えてすべて摘果し，
4年目から収穫する

第4－18図　芽接ぎ後の枝の生長

4　樹の仕立て方と整枝・せん定

(1)　植付け後三年間で樹形をつくる

サンショウの整枝・せん定については、前項でも若干述べてきたところであるが、もう少し基本的な技術課題として「盃状わい化栽培」を提起したい。

第4―19図　盃状わい化整枝
4年生樹のせん定後の姿

従来は、山麓や畑の端、宅地の隅または、空地利用として植えられ、また数本が散在してつくられていたものである。そして、整枝・せん定はほとんど行なわれることなく放任され、大木で枝数の多い自然形であった。そのため、樹が大きい割に収量は少なく、収益性も低かった。しかしサンショウが有利な作目として

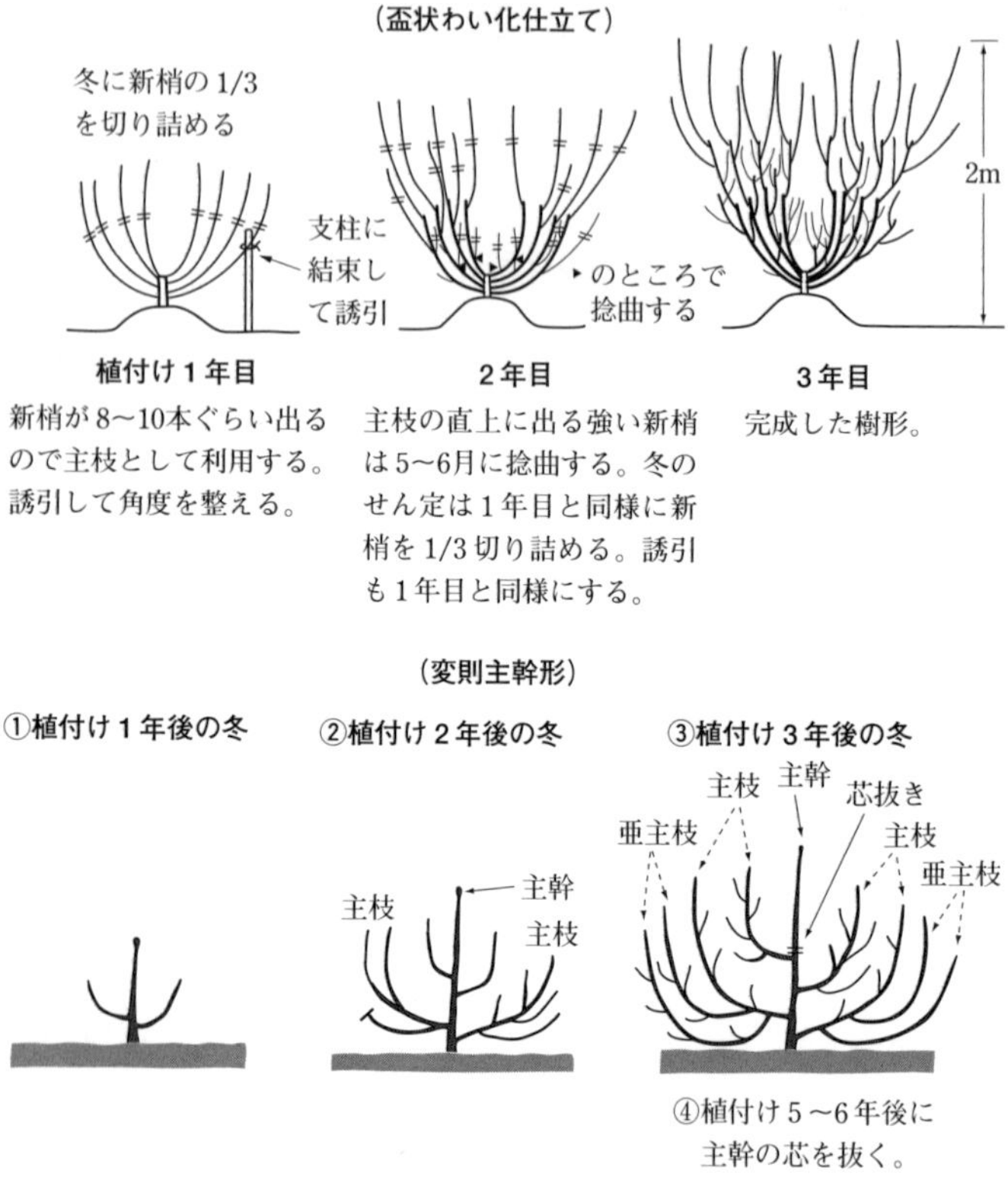

新梢が8～10本ぐらい出るので主枝として利用する。誘引して角度を整える。

主枝の直上に出る強い新梢は5～6月に捻曲する。冬のせん定は1年目と同様に新梢を1/3切り詰める。誘引も1年目と同様にする。

完成した樹形。

④植付け5～6年後に
主幹の芯を抜く。

第4－20図　実サンショウの整枝

注目されはじめた現在、その有利性を十分に発揮させるためには、適切な整枝・せん定が必要になってきている。

筆者が開発した盃状わい化栽培は、①小さな木で多くの実がとれる、②果色のよい品質のよいものができる、③収穫労力が省力化でき、楽に収穫ができる、④サンショウ園として集団栽培も可能で、防霜施設の設置やハウス栽培、鉢植え栽培の導入も容易である、などの利点がある。

サンショウは植付け後三年目から結実が見られ、四年目からは収穫できるので、はじめの三年間で樹形をつくりあげてしまうことが大切である。また、サンショウは、刃物を使うことを好まず冬季せん定で大きな枝を切ったり、多くの枝を切ると枯死することがある。したがって、一度樹ができあがってしまうと樹形を改造することは困難であり、この点からも三年間で計画的に樹形をつくりあげることが重要である。せん定のやり方も夏季の捻曲、誘引を重視して、冬季せん定は、できるだけ軽いせん定にとどめること

第4－21図　植付け1年目の夏の姿
新梢が80cm伸びている

が必要である。

(2) 植付け一年目

苗は高さ三〇～五〇cmぐらいに切り詰めて植えるが、苗が健全で土壌条件も適当であれば、一年目に八～一〇本の新梢が出るので、これを主枝として利用する。

新梢は六〇～九〇cm伸びるのが適当である。これより短い場合は、地力がないか、苗が弱っているかで、また一五〇cmも伸びるようではチッソ過多で徒長的な生育である。野菜跡の畑などではこうなることがある。

新梢の数は、八本出れば十分である。まれに一〇本以上も出ることがあるが、これでは多すぎるので、余分な枝は捻曲して間引く。

ところで、苗木を植え付けるときに、先のほうをわずかしか切らず、長いまま植え付ける人がいるが、長い苗木を植えるとどうしても樹高が高くなりやすい。また、第4―22図のように弱い枝ばかりたくさん出て、冬のせん定時に手のつけようのない樹にな

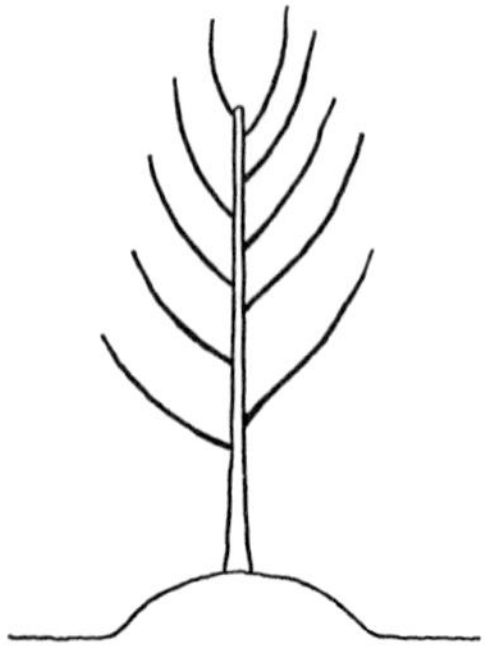

苗木を長いまま植えると弱い枝が多く出る。このような状態にしてしまうと樹形の改造は不可能である

第4－22図　長い苗木を植えた場合

る。

前述のように、サンショウはせん定のショックに弱く、あとから主幹を切りなおすことはほとんど不可能なので、植付け時に短く切る。

樹形が完成するまでは主枝の角度を整えるため毎年新梢の誘引をする。植え付けた苗は、主幹を切り詰めてあるので、どうしても新梢がまっすぐに立ちあがりやすい。そのままにすると、横に広がりのない、主枝が立ちあがった樹形になってしまう。こうした形では、樹冠内部が込みあって日照不足となるだけでなく、主枝の分枝角度が小さくなるので、裂けやすく、雪害にも弱くなる。

第4－23図　誘引
樹形が完成するまではこの写真のように誘引する（写真の例は主枝4本，植付け1年目の姿）

誘引には、ひもで引く方法と、竹の支柱に結束する方法がある。

慣れない人は芯《しん》（主幹）を残しておいた方が、枝を広げやすい。樹形が完成したら芯を抜けばよい。

ただし、前述のように芯を残すと上のほうからも枝が出て樹高が高くなりやすいので注意が必要である。高くなってしまった樹を無

第4－24図　植付け2年目の落葉後の姿

理に低くしようとすると、せん定が強すぎて枯死する危険がある。

冬季のせん定では、新梢を伸びた長さの三分の一だけ切り詰める。枝の先端は弱くなるので、切り返すことによって強勢の枝を再生させる必要がある。

(3) 植付け二年目

二年目は主枝をさらに伸ばしつつ、側枝をつくる。側枝は主枝上に一五～二〇cmぐらいの間隔で配置するとよい。

側枝として利用する枝は、主枝から真横よりやや斜め上に伸びているものが理想である。主枝の直上のものは強勢すぎ、直下のものは弱すぎる。これらの、側枝として利用しない枝は、捻曲して伸長を止める。

捻曲は、五～六月中旬、三〇cmぐらいに伸びた新梢の基部をつまんで一回転ひねり、木質部と表皮を分離させればよい（第4－25図）。時期は早いほうが新梢が軟らかくて捻曲しやすい。いらない枝をいつまでも伸ばしておく必要はない。

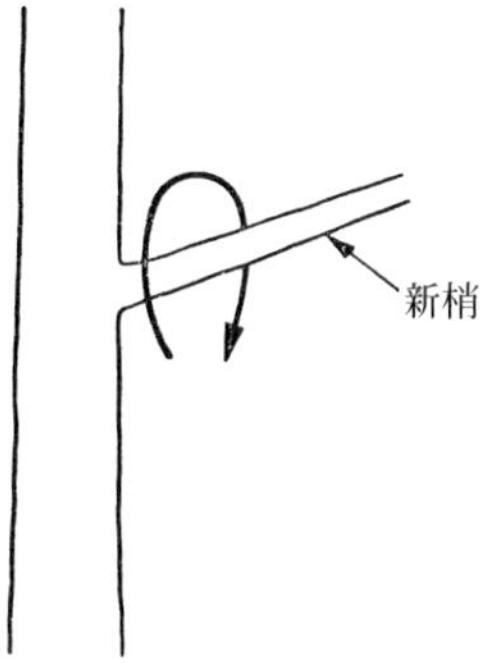

新梢の基部をつまんで1回転ひねると木質部と表皮が分離する

第4－25図　捻曲の仕方

捻曲した枝は副梢が出ることもあるがあまり大きくならず、適当に葉がついて、主枝、側枝の日焼け防止にちょうどよい。また、葉数が多いほうが光合成量がふえて有利になるので、じゃまにならない限りはつけておけばよい。冬のせん定では切返しせん定で更新する。

冬季のせん定は主枝延長枝も側枝も、伸長した長さの三分の一だけ切り詰め、翌年強い枝を出させて樹冠を拡大するようにする。夏に捻曲した枝は、強めに切り返して更新するが、不要ならばせん除してしまってもかまわない。

(4)　植付け三年目の樹の姿

順調に生育すれば三年間で樹形が完成する。樹形の目標は樹高二m、樹冠の広がりは、園地一杯に広がって隣りあう樹の枝がふれあう程度、すなわち一〇a二五〇本植えなら直径二・五mぐらいがよい。

枝の構成は、主枝を八〜一〇本とする。亜主枝・側枝を規則的に設定していくやり方だとどうして

第4－26図　植付け3年目の夏の姿

も樹高が高くなるので、このような枝構成は考えない。毎年切返しせん定を繰り返して主枝近くに結果させるほうがよい。

問題は日光が入るか、入らないかということである。枝が重ならないように車枝や、直上・直下枝は整理する。捻曲しておくと大きくならないので、日焼け防止になるし、充実してなり枝（結果母枝）にもなるのでよい。

(5) 地力のないところでの整枝

土地がやせていたり、苗が弱かったりすると、出てくる新梢が少なかったり、出ても短すぎたりする場合がある。こういうときは勢力が分散しないよう、一年目は四本程度にとどめ、三年がかりで主枝を確保するとよい。新梢が四本以下では、順調な生育は期待できない。

三年間で、地力のあるところと同様の樹形ができるが、ボリュームがちがうので四年目に収穫を開

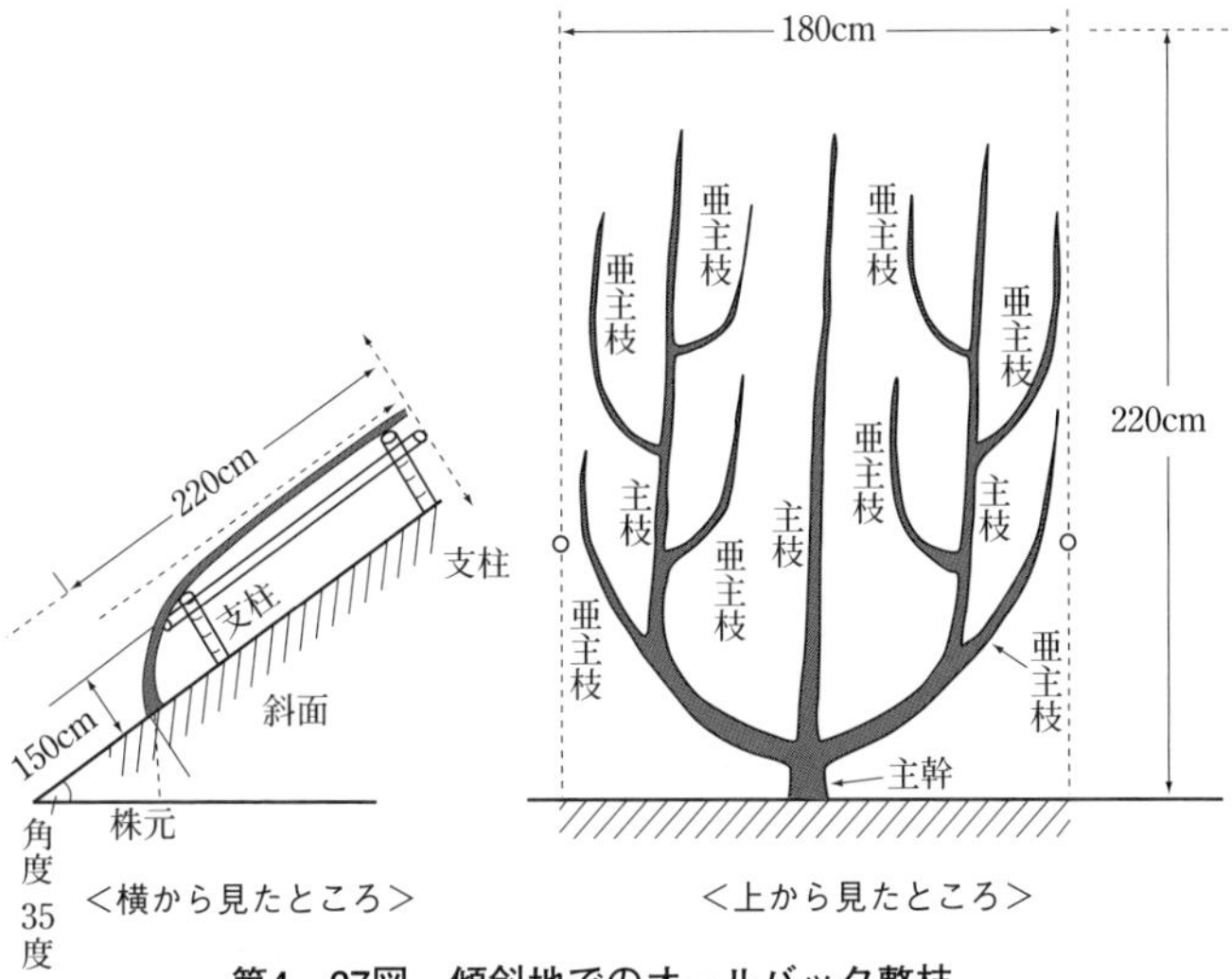

第4－27図　傾斜地でのオールバック整枝

傾斜度35度以内で，10a当たり250本植が目安

始したとき、収量には大きな差がつく。この差は一生つきまとうので、こういう場合は四年目も摘蕾して収穫をがまんし、五年目から収穫したい。せっかくの花を摘蕾してしまうのは生産農家にとってはつらいことだが、成木期の収量を高めるためにはこれが理想的である。

(6)　傾斜地でのオールバック整枝

オールバック整枝とは傾斜地利用の場合に限って採用する整枝法である。整枝の方法は、第4―27図のとおりである。木材と竹材を使って柵状のものをつくり、その上に、主枝や亜主枝をはわせていく。したがって、資材費が若干かかる。

この整枝法では、徒長枝が多く出るので、

それを発育枝として利用し、結果母枝を養成していくので多収となる。また、台風の被害がもっとも少ない仕立て方でもある。難点は、傾斜地であるのと、柵があるので収穫作業の効率が若干低下することである。

(7) 隔年結果を防止する三年目からのせん定

①サンショウの結果習性

サンショウは、せん定をしないと隔年結果する習性があり、収量が不安定になるばかりでなく、寿命を縮めることになる。毎年安定した生産を上げるためには、着果数を制限し、充実した結果母枝を計画的に育成していくことが必要であり、そのためには、基礎的な知識として、まずサンショウの結果習性を知っておくことが大切である。

サンショウは、前年伸びた新梢が結果母枝となり、先端から六~七節までに花芽が形成されている。花芽分化期は七月下旬~八月上旬ごろと思われる。

三月中旬~下旬ごろ萌芽し、各節から一〇cmほどの結果枝が伸びて、それぞれの先端に花房を着ける。開花した花はほとんどすべて結実し、果実は落果することもなく肥大する(第4—28図)。

自然のものが一房あたり二〇~三〇粒であるのに対し、栽培に用いられる優良系統では一房あたり一〇〇粒以上も着果する。

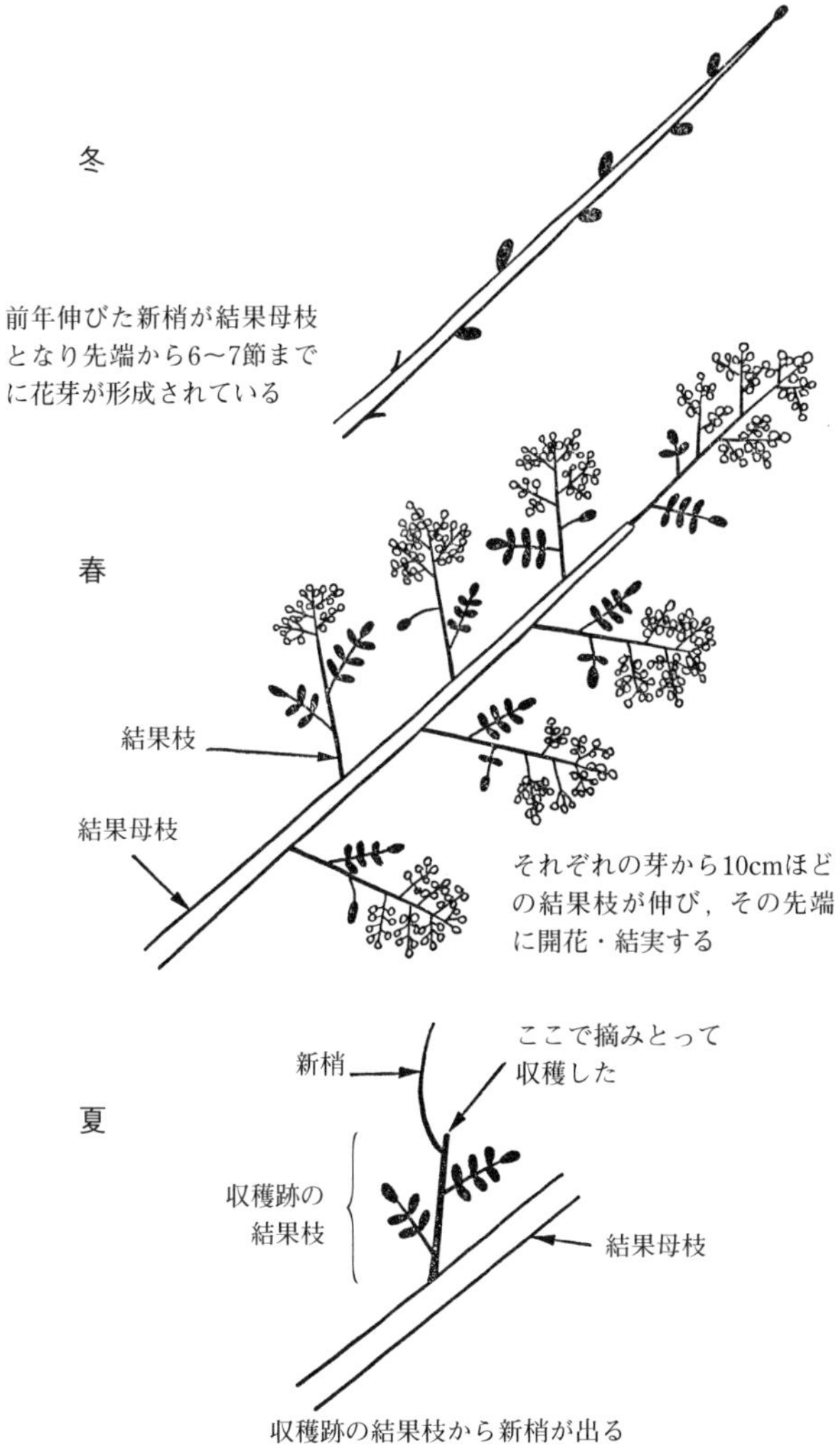
冬
前年伸びた新梢が結果母枝
となり先端から6～7節まで
に花芽が形成されている
春
結果枝
結果母枝
それぞれの芽から10cmほど
の結果枝が伸び，その先端
に開花・結実する
夏
新梢
ここで摘みとって
収穫した
収穫跡の
結果枝
結果母枝
収穫跡の結果枝から新梢が出る

第4－28図　サンショウの結果習性

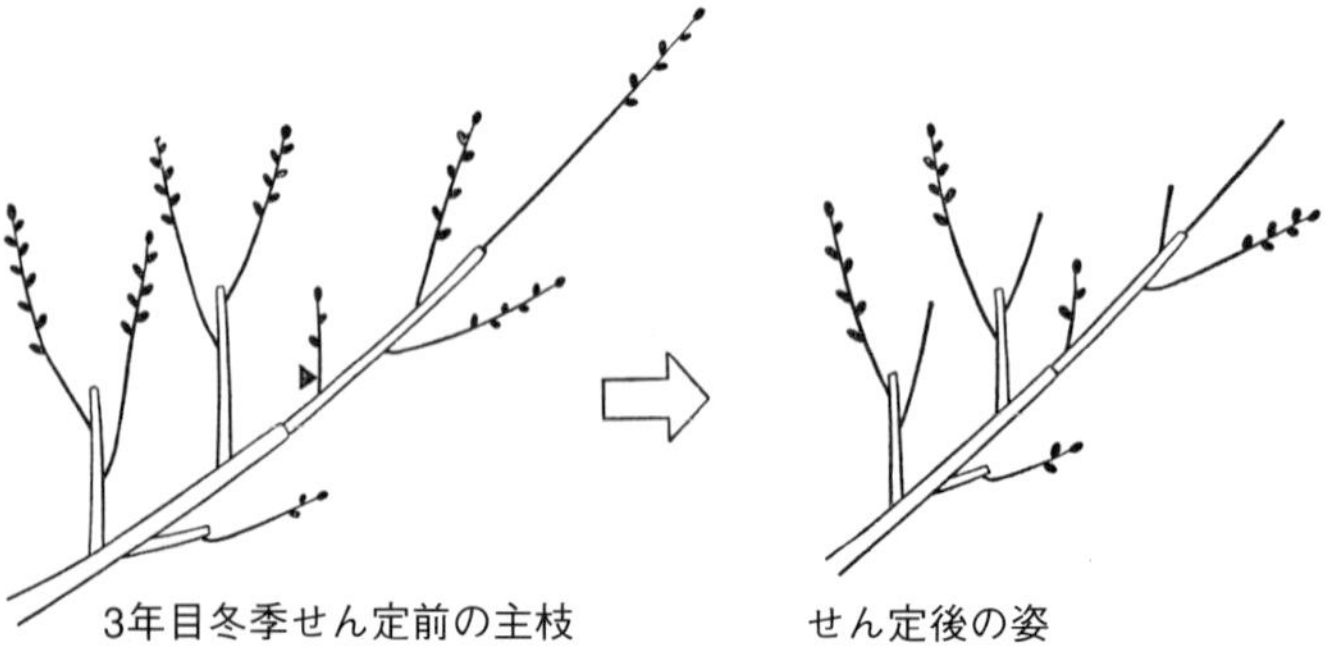

新梢の先端部に花芽が形成されている
▶は夏季せん定で捻曲したところ

半数の枝は花芽のついた部分を切り落とし予備枝とする。4年目には新梢が出て，5年目の結果母枝となる。残る半数の枝は切らず，4年目に結実させて収穫する。結果させた枝から収穫後に出る枝は，充実していないので，5年目はならせず予備枝とする

第4－29図　3年目の枝の状態とせん定のやり方

果実の着いた房を収穫すると、残った結果枝から新梢が伸びるが、結実させた結果母枝は消耗しているので、新梢は充実せず、花芽の分化も少ない。すなわち、適切なせん定で着果数を調整しないと隔年結果現象が現われることになる。とくに、栽培用の系統は着果数が多く、粒も大きくなるので、結果母枝の消耗が激しく、着果を調節しないと樹全体が枯れることもある。

②せん定のやり方

三年目から開花が見られるが、この年に成らせると樹を弱めるので、全部摘蕾する。実が着いているのといないのとでは、新梢の伸びに三倍ぐらいの差がつく。

新たに伸びた枝の先端部には、翌春開

②せん定後

①せん定前

第4－30図　3年生からのせん定

半数の枝は花芽の着いた部分を切り落とし予備枝とする

花結実する花芽が形成されているが、すべての枝に結果させると着果過多になるので、半数の枝は花芽の着いた先端部を切り落として予備枝とし、翌々年結果させる。あまり切り詰めすぎると新梢が出なくなるので、枝の長さの三分の一を目安に切り落とす。翌年結果させる残り半数の枝は、切る必要がない。成らせる枝と休ませる枝は、かたよらないように数本ずつ交互に配置するとよい。

四年目からは、隔年結果を防ぐために同様の予備枝設定を繰り返せばよい。

なお、樹高は二m以上にはしたくないので、それ以上に伸びた枝は整理する。

5　施肥と土壌管理

(1)　肥料の種類と施肥量

サンショウの一〇a当たり三要素必要量は、成木でチッソ一二～一五kg、リンサン一〇～一三kg、カリ一〇～一三kgといわれている。チッソ成分が過多になると急激な株枯れが起こることがある。また、枯死に至らずとも樹が軟弱徒長ぎみとなり、凍害や寒害、さらに病害虫の被害が多くなるので、チッソは一五kg以上にならないよう注意する必要がある。

サンショウは、堆肥、鶏ふん、油粕などの有機質肥料がよい。化学肥料はよく効くが、にわかでき、の徒長的な生育となるばかりでなく、急激な肥料分の変化で枯死することもあるので、施用は禁物である。

樹齢別に施肥量を考えてみると、標準的には第4―1表程度が適当と思う。一～三年までの育成期間と、四～六年の結果初期、七～一三年の結果最盛期、一四年以降の結果衰退期に区分して施肥設計を考えてみたので参考にされたい。堆肥は敷ワラや敷草代わりに圃場全面に散布するので、施肥量は、この数字よりなお多くてよいが、最近は堆肥の確保もたいへんなので、必要最低限の数字を示したつ

第4－1表　樹齢別の施肥量

（10a当たり標準）

	肥料名＼年	1～3	4～6	7～13	14年以上
元肥	堆肥	2,000 kg	3,000 kg	4,000kg	5,000kg
	鶏ふん	100	150	250	300
	油粕	60	90	150	200
	木灰	100	150	200	250
追肥	液肥	5	10	15	20

注）1. 元肥は10月に施用（1～3年まで輪状施肥，4年以降全面施肥か敷ワラの上に散布する）
2. 追肥の第1回は3月に，第2回は8月に液肥（300～500倍以上）を施用。液肥のかわりに，千代田化成（日産アグリ）を300～500倍に溶かしたものでも可
3. 衰退期に入り収量が減りはじめたら，施肥量もこれにあわせて毎年10%程度ずつ減らす

もりである。

堆肥の種類としては、稲ワラ堆肥、モミガラ・鶏ふん堆肥、山の下草刈堆肥、川原のヨシやその他の雑草を利用する。

また、追肥は三要素の入った市販の液肥を使用する。

(2) 施肥の時期と方法

元肥の施用時期は十月に、追肥は三月の芽出し肥、八月のお礼肥として施用する。植付け後から三年間の育成期間の元肥は輪状施用とし、第4―31図のように樹を中

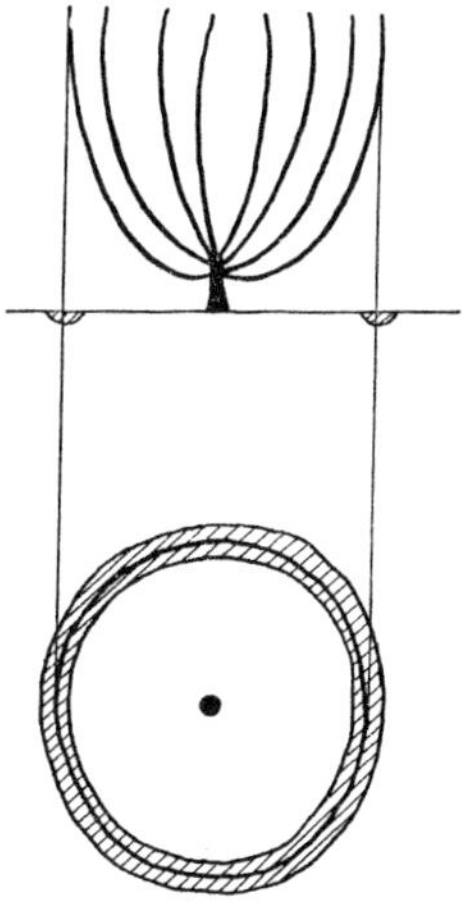

樹冠外周部下に輪状に溝を掘って施用する

第4－31図　幼木期の施肥法

心に浅い溝をつくり、そこに所定量を十月に施用し覆土しておく。追肥の芽出し肥とお礼肥は、購入液肥を三〇〇倍以上にうすめたものを敷ワラの上から施用する。

四年目以降の元肥は、土壌管理を兼ねて圃場全面に散布する。四年目以降になるとサンショウの根が圃場全体に広がるので、施肥溝を掘ったり、中耕除草したりすることはできない。また、除草剤の使用も禁物である。敷ワラ、敷草とあわせて堆肥、鶏ふん、油粕などを厚さ一〇cm以上の層状に施し、施肥と同時に土壌の乾燥防止、雑草の防除をはかる。

(3) 土壌管理

サンショウ栽培の土壌管理で最大の課題は、根の保護のため土壌水分を七〇%ぐらいに保つことである。乾燥すると圃場の表面に亀裂が生じ、浅根性で繊細微弱なサンショウの根は切断されてしまう。乾燥を防ぐためには、前述の堆肥の全面施用が雑草の防止も兼ねてもっとも有効であるが、乾燥が著しい場合はかん水を考える必要がある。ただし、水分や地温の急激な変化は危険なので、朝夕の地温の低い時期に間断かん水する。一方、前にも述べたとおり、酸素不足にもきわめて弱いので、とくに梅雨期の降雨時や冬季の積雪時は排水に万全を期し、圃場に滞水しないようにしなければならない。

また、山麓や傾斜地の場合は、土壌侵食によって株元が露出してしまうことがあり、敷ワラや敷草、堆肥などによって地面を被覆すればほとんど防止できるが、地下茎の強い花ミョウガ、山フキ、オウレンなどを株間に間作として作付けしたり、さらに等高線状に浅い溝をつくって、土砂止めとするのも一方法である。

土壌酸度は、和歌山県果樹試験場の野見氏の試験結果によると、五・五〜六・五くらいの弱酸性がもっとも生育がよかったといわれている。前記の設計どおりの施肥を行なっていればほぼこの程度のpHは維持できるので、ふつうは特別に土壌改良を行なう必要はない。

(4) 敷ワラとかん水・除草

草木の植付けと同時に敷ワラをするが、少なくなってくるので、その後補充増施してやる。敷ワラによって土壌水分の保持と雑草の防除を兼ねて行なう必要がある。

なお、敷ワラの増施は、かん水作業を省力化することになり、また、それが腐熟すると腐植源となり、地力を高めることができる。なお、敷ワラの代わりにモミガラでもよい。

6 病害虫防除

サンショウの病害虫は、急激に枯死させる紫紋羽病以外にはそれほど心配するものはない。紫紋羽病菌は、茶園、桑園、サツマイモなどの跡地で排水の不良なところに発生し、また、植え穴に粗大有

第4ー2表　サンショウの病害虫防除法

病害虫名	耕種的防除方法
紫紋羽病	桑園，茶園，甘藷畑の後作には，植付けをしないこと，排水不良地にも栽培しないこと
さび病	施肥に注意し，チッソ過多にならないようにリン，カリも施用すること。枝が込みあわないように整枝せん定を工夫する
灰色こうやく病	サンショウの樹が衰弱していると発生するので常に樹勢を強健に保つこと。もしも発生したらワイヤブラシでけずり落とす
アゲハチョウの幼虫	4月ごろの発生時期には，毎回巡回してアゲハチョウの幼虫を捕獲し焼却すること。(一晩で全滅するので特注)
アブラムシ	3～5月ごろに幼木に発生することがあるので，発生すれば箸にハエ取り紙を巻いて作った道具で付着捕獲焼却する
アカダニ	同上
キクイムシ コスカシバ	幼木樹のときに幹を中心に侵入して食害するのでビニールを幹に巻きつけて侵入しないようにする
カイガラムシ	冬季に発生を見たならば捕獲し焼却する
センチュウ	連作を避けること，圃場の湿害を避け，根部に酸素の供給を良好にすること

機物を入れるときにナラやクヌギを入れるとこれらが伝染源となり、サンショウの根に侵入し、根を枯死させる。

紫紋羽病菌は、空気のないところを好む嫌気性菌であり、排水のよい通気性のある砂質壌土では、ほとんど発生しない。

紫紋羽病の防除には、菌が植付け圃場にいないか、各府県の農業試験場や大学に依頼し、点検を終えてから、植え付けることが第一である。永年作物なので途中からでは取り返しがつかない。

サンショウは、落葉樹なので、冬季防除をしっかりやっておけば、さび病やカイガラムシなど一般的に発生する病害虫についても恐れることはない。十二月と二月の二回、冬季防除の効果が大きい。

なお、平成十五年に農薬取締法が改正されて規制が厳しくなったうえ、サンショウの登録農薬が少ないので、薬剤的防除に期待することができない。したがって、耕種的防除法で対処せざるをえない。

7 気象災害の防止

(1) 霜害防止

サンショウは、茶、桑よりも霜に弱く、晩霜にあたると新芽が黒くなって落ちてしまう。一朝にして全滅した例も少なくない。

降霜被害は、圃場の付近が河川や池のあるところは蒸散作用の関係で少なく、また、反対に降霜のツボになるところは被害が大きい。栽培地域における降霜期間（春）と萌芽期との関係を研究しておく必要がある。

幼木期の育成期間中（植付け後一〜三年）は、新芽がやられるだけで枯死することが多い。四年以上になると、ある程度抵抗性ができる。したがって、育成期間中は、ワラ帽子やコモで被覆して被害の軽減をはかる。

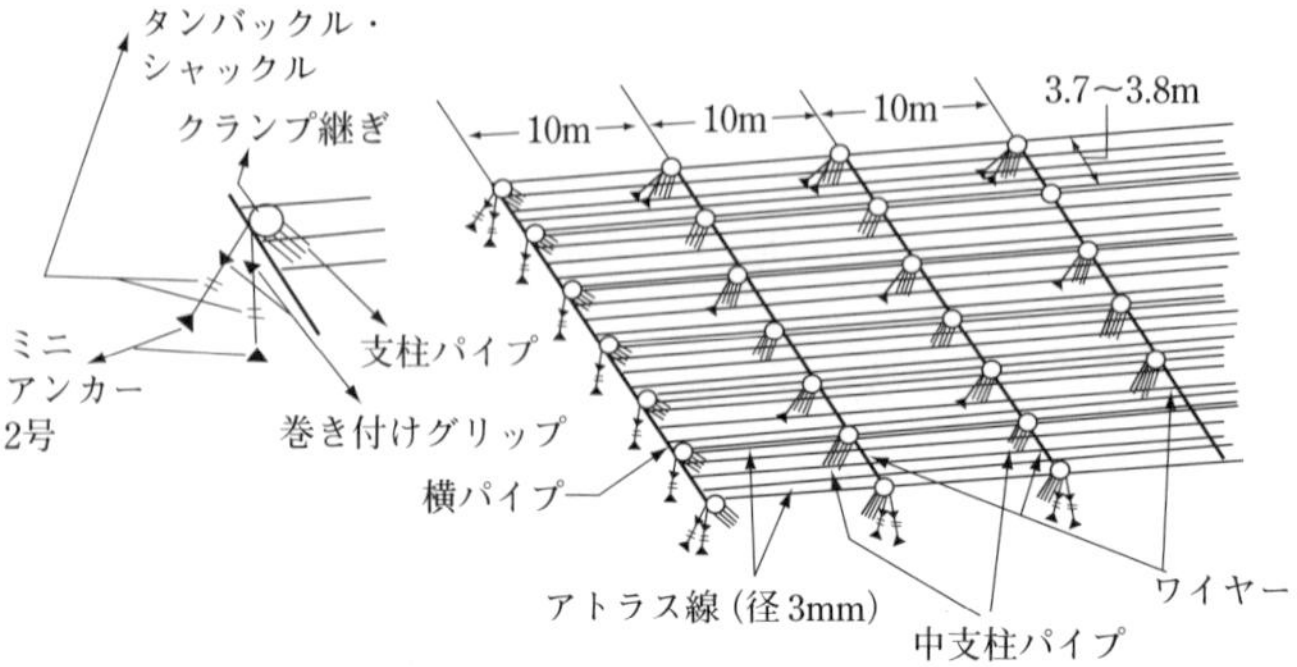

第4―32図　被覆ネット

棚の高さはサンショウの木より50〜60cm高く（したがって2.5〜2.6mに）する
被覆資材は，ダイオシート（遮光率95%）を屋根と周囲に張る

三年目くらいから樹が大きくなるので、第4―32図のように全園を対象にダイオシート（遮光率九五%）などで被覆する施設をつくっておく必要がある。この施設には一〇a当たり六〇万円ほどの建設費が必要であるが、この施設があれば、降霜注意報発令時に全園に被覆して霜害を防止できる。これらの施設のないところでは、自動車のタイヤを燃やしたり、重油を燃やしたり、あるいは小規模な栽培ではラブシートやサニーライトのベタがけを行なってもよい。

(2) 雪害防止

雪害には、積雪による土壌の通気性の悪化で根が枯れる生理的障害と、雪の重さで枝が裂ける物理的障害があることは前に述べた。

生理的障害については、排水のよい圃場を選び、排水溝の設置や日常の土壌管理によって滞水をなくすことが大切である。

機械的障害については、誘引によって分岐角度を広げておくことのほか、支柱を立て枝を固定したり、あるいは本書で取りあげた盃状わい化栽培の場合は、第4―33図のように主枝の頂部を結束しておくのも簡便な裂枝防止法である。

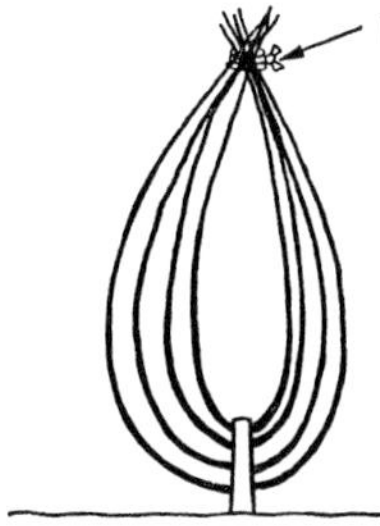

第4―33図　簡便な裂枝防止法

8　収穫・出荷

(1) 用途別の収穫時期

実サンショウの収穫期は、栽培している地方や品種、栽培方法によって異なるが一般的に五月中旬～七月中旬ごろが生果（未熟果）の収穫期である。

生果の利用として一番多い佃煮用は収穫期間が短く、果実が肥大してから種子が黒変するまでの約一〇日間である。この間に収穫を終わらなければ市場でも安くしか売れない。目安としては、果実の表面が鮮明な濃緑色の時期で、遅くなると黒みを帯びて暗緑色になる。爪でつぶしてみると、熟度が

第4－34図　収穫期の実サンショウ

わかる。佃煮用には種子が白く軟らかいものでないといけない。

　生果利用として二番目に多いのは漬物用で、その収穫期間は六月六日～七月十五日までの四〇日間、すなわち、種子が黒変しはじめてから約一カ月ということになる。果色は緑色が暗緑色になっているくらいで、種子が黒くなっているかどうかは爪で皮を破ってみないとわからない状態である。

　三番目は、実や葉をいっしょに利用するもので、川魚料理のくさみを抜いたり、その他香辛野菜としての利用で、収穫期間は、開花結実期から成熟期に入るまでいつでもよい。

　果肉、皮ともにサンショウの粉や、七味などの香辛料、あるいは生薬（漢方薬）に広く利用されている乾果（成熟果）は、成熟果を収穫し、ムシロの上で二～三日乾燥させて出荷する。

　乾果の収穫期間は、七月中旬ごろから八月下旬ごろまでの約四五日間であり、かなりの幅がある。なお、乾果は、重量で生果の三〇％となる。

以上、生果および乾果の収穫期間を通算すると五月中旬～九月上旬までの約三カ月間あまりあるので、労働配分の点からも用途別に区分して栽培しておけば、そんなに労働強化になることはない。ただし、価格の面からは佃煮用として出荷するのがもっとも有利なことは念頭に入れておかねばならない。

なお、収穫する日は晴天がよく、雨天は房がばらけやすいので避ける。

(2) 収穫省力化の工夫

収穫方法は、房のまま手で摘みとる。ふつうは親指と人さし指の爪で房を摘みとっているが、鳥取県三朝町では、収穫爪（新案特許）を考案して、実用化されている。これは、桑摘爪からヒントを得てステンレスでつくられた簡単なもので、人さし指にはめこんで使用すると爪も痛くなく収穫の能率が上がる。

京都府綾部市では、盃状わい化仕立ての樹の下にビニールシートを敷いてサンショウの房を摘み落とし、それを桑こきかごに入れて実をまとめ、選果場に運んでいる例が多い。この収穫方法は、高齢者向きで、すわって収穫でき、盃状わい化仕立てならではである。

なお前にも述べたように、従来は一人一日の収穫量は一〇kgといわれていたが、今日の盃状わい化仕立てでは、その五倍の五〇kgくらい収穫されている。収穫労力の大小は、経営者の整枝・せん定の技術水準とかかわりをもっている。整枝・せん定が上手にしてあれば、収穫はやりやすく能率が上がる。

成木樹（七〜八年生）の一本当たり収量は、八〜一二kg、平均一〇kgである。

(3) 用途別に異なる出荷・販売法

①生果の場合

用途別に収穫した生果は、出荷規格にそって秀品、優品別に〇・五〜二・〇kg入り段ボール箱にアオメ、アカメを区別して房のまま入れ、粒が落ちないように梱包する。

実サンショウの生果、とくに佃煮用の場合は、果色が鮮明な濃緑色で果粒も大きく、軟らかく芳香良好で、種子は白くて過熟になっていないものがよい。果色が暗緑色、過熟なものは買いたたかれる。佃煮用は京阪市場での取扱いが多く、京都府綾部市農協を中心とした京都産のものが主流であるが、奈良・和歌山産など他県のものも出荷されている。

同じ生果でも漬物用は、佃煮用とは違って若干熟度のすすんだもの、種子は黒変しているものでよいとされている。この漬物用の主産地は鳥取県三朝町で、農協から九州方面に出荷されている。

生果の出荷規格の参考として第4—3表に示すが、全国的には地域や出荷団体によってかなりの違いがあるので注意されたい。

第4−3表　生果用サンショウ（佃煮用）の出荷規格の例

等級	品　種	品　質
上	朝倉サンショウ（アオメ種）	果色は鮮明な濃緑色 種子は白く軟らかいもの 大房であること
中	朝倉サンショウ（アオメ種）に似たもの	果色は暗緑色 種子は黒色の過熟果 房ぶるいのあるもの
下	同上以外のもの	朝倉サンショウのアカメ種とそれに似たもの

②乾果の場合

乾果として成熟果を出荷している産地は全国にかなりあるが、なんといっても、和歌山県の清水町が日本一の生産量をほこっている。香辛料の専門業者との契約栽培などがされている。

乾果でも、生薬用として販売している奈良県吉野地方では、果樹のカキやウメの間作として、サンショウが粗放的につくられている。これも契約栽培であるが、現在漢方薬は人気が高まっているので、生薬としての需要もいっそう増加するものと考えられる。

③販売方法の工夫

販売方法は、生果は農協や生産組合が市場に出荷販売するものが多いが、経営規模が大きい場合は、市場やスーパーに直接出荷している例もある。香辛料や生薬用の乾果は、専門業者に直接販売したり、契約栽培、契約販売しているところが多い。

一方、大阪府箕面市止々呂美農協のように業者と契約して第一次加工（塩漬貯蔵）を行なっているところもある。これからは第一次および第二次加工をして地域の特産物として、また、観光農

第4－35図　実サンショウの収穫風景

業とも結びつけて発展させていくことが大切だ。

(4) 生果の高品質販売のために

①優良種の栽培が前提

品質のいい生果を販売する前提として、豊産性で高品質の系統を栽培しているかどうかが問題である。実サンショウでは、朝倉サンショウが有名でありほとんどこの系統のものが栽培されている。

しかし、サンショウは変異性が大きく、枝変りや、突然変異によって、同じ系統でも何百何千と似たものが発生している。したがって、それぞれの系統や品種の特性をよく確認して栽培することが第一の条件である。そのためには、優良種の種木を確保して、接ぎ木や、挿し木によって、苗木を自家育成することがもっとも近道である。

第4－36図　出荷用に箱詰めされたようす

②適期に収穫する

いかに優秀なサンショウの樹でも、適期に収穫しなければ失格である。用途別の収穫適期を失しないようにしなければならない。とくに、一般料理や佃煮、貯蔵用の実サンショウの生果は、果粒中の種子が白いことが絶対的条件となる。

③採果は房ごと行なう

サンショウの系統や、収穫時期に問題がなくても、採果方法によって出荷規格からはずされる場合がある。実サンショウの収穫には、採果爪を使ってもよいし、親指と人さし指で摘みとってもよいが、一房ごとにていねい採果し、けっして房をばらばらにしてはならない。また、雨天に収穫すると品質低下まねくので行なわない。

④収穫後は〝むれ〟を防ぐ

実サンショウ生果の収穫は初夏に近くから始まるので、収穫したものをそのまま袋などに入れておくとむれてしまう。いったん作業場に持ち込み、むしろなどに薄く広げて、その上に、ぬれむしろなどをかけておくとよい。また、保冷庫があればそこに入れる。ちょっとしたことで品質低下をまねくので注意する。

⑤出荷規格の遵守

出荷組合や農協で共同出荷する場合、出荷規格を遵守するのは当然であるが、まずよい商品を出すことが大切である。共同出荷の場合、選別や量目、荷姿が出荷担当者によって厳密にチェックされているので、市場で高く評価されており高値がつくことが多い。したがって、個人で出荷する場合も、出荷規格を守ることが大切である。

花サンショウの栽培

1　花サンショウ栽培のねらい

(1)　高級料理用に静かなブーム

花サンショウは、雄木の花が咲くまでのつぼみを利用するものである。雄木は、実サンショウ園の交配樹として一割程度混植されていることが多く、現状ではこの交配樹を利用して収穫・出荷されている例がほとんどである。

全国にサンショウの雄木はつくられているが、花サンショウとしての栽培は関西中心で、京阪市場に多く出荷されている。

花サンショウは、つぼみだけを摘みとって利用する場合と、つぼみと若芽、若葉をいっしょにとって利用する場合とがある。

第4―37図　花サンショウの大木

花サンショウは、高級山菜として京都の高級料理店を中心に消費されており、つぼみだけで一kg五〇〇〇～一万五〇〇〇円、若芽・若葉といっしょのものは三〇〇〇～五〇〇〇円と高い単価で取引されている。

用途は①高級佃煮（単品）、高級料理の添えもの、②山菜（山フキ・ワラビ・ゼンマイ・ミョウガ）といっしょにした佃煮、③菜の花やタケノコなどとのあえもの、④甘酢漬け、⑤その他高級漬物、⑥アユやアマゴの料理のツマ、がおもなところである。とくに京都では、花サンショウの渋い古典的な味が、古都を象徴しているとして珍重され、静かなブームを呼んでいる。

このようなことから、一本の樹で数万円の高収益が上げられ、生産者にとっても有利な作物になっている。しかし、収穫期間が約一〇日と制約されていることと、優良な系統がないことなどから、花サンショウだけを専門的にやっている農家はごく一部に限られている。

(2) 実サンショウよりつくりやすい

条件によっては、実サンショウは、成木になるまでに七〇％は枯れるのがふつうだとさえいわれている。しかし、花サンショウは多少条件が悪くとも五〇％くらいは残る。この理由については明らかでないが、果実の発育が樹勢に影響していると考えられる。花サンショウの場合は、果実はなく樹の負担が少ないので、枯死率が低いものと考えられる。

花サンショウも実サンショウと同じように、植えてから三〜四年すれば雄花が咲くようになる。これで収穫期に入ったのである。成木になるのは七〜八年ごろで、一本当たり四〜五kgほどとれる。

(3) 実サンショウと組み合わせやすい

花サンショウは、実サンショウより収穫時期が早く、労力配分や輪作体系などから実サンショウとの組合わせ、または混植栽培にもむいている。

実サンショウの収穫時期も地域によって異なるが、京都では五月下旬〜六月上旬ごろが生果（佃煮用）としての収穫期である。

花サンショウは、これより三週間ばかり早く四月下旬〜五月上旬である。したがって、実サンショウの収穫までに販売し、換金することができる。

2　栽培のポイント

栽培方法は実サンショウに準じて行なえばよい。ここでは花サンショウでとくに注意したいポイントについて述べる。

(1)　圃場の選び方と植付け

①霜害の少ない圃場を選ぶ

実サンショウと特別変わるところはないが、ただ霜の多い時期であり、また、実サンショウより霜に弱いので、霜害の少ない河川や池の付近に圃場を求めることが大切である。とくに霜の「ツボ」になるようなところは、絶対避けるべきである。

また、霜害防止のための被覆施設を完備しておく必要がある。

花サンショウは、つぼみの間の五～一〇日間の短期作物であるため一度の霜害で致命的被害を受けて、一銭もあがらないということが起こっているのでとくに注意しなければならない。

②むずかしい優良系統の確保

これも実サンショウの苗木養成と同じであるが、花サンショウは実サンショウよりも良いものと悪いものとの差が大きいことを知っておくべきである。

実サンショウは、いちおう朝倉サンショウのアオメ種というものがあり、そのなかには良いもの、または悪いものもあるが、比較的入手しやすい。これは、優良穂木がさがしやすいからである。

しかし、一般に栽培されている花サンショウは実生の有刺種である。無刺のものや、無刺のなかでももっとも品質の良い、新梢の先端につぼみだけが単独で着き、その数日後に若芽、若葉が発生する系統はあるが、突然変異によってできるため、入手は困難である。これは、どこの産地でもこうした優良系統を門外不出にしているからである。

なお、苗木を自家で生産する場合は、イヌサンショウや野サンショウを台木として接ぎ木繁殖すればよい。

③秋植えが適する

花サンショウは、実サンショウにくらべて萌芽がやや早い。したがって秋植えのほうが成績がよいので、植付け時期は、特別の地域（積雪量の多いところ、積雪期間の長いところなど）以外は秋植えにする。しかし、十一月上旬～中旬に植え終わることが大切である。十二月以降の遅植えになると活着率が悪く、株枯れも多くなるので注意する。

植付け方法は実サンショウと同じでよい。植え付けるとき苗木の芽を落としたり、傷つけたりしないよう注意して取り扱う。さらに苗木が実サンショウより強勢なので、植付けのとき若干長く三〇cm

程度の切り詰めにする。

十一月上旬~中旬に苗木の植付けが終わると、すぐ冬に突入するので、越冬準備にかからなければならない。

十二月に入ると、ぼちぼち雪が降るようになり、寒さも一段ときびしさを増してくる。そこで、十二月は早々に越冬作業にかからねばならない。方法は実サンショウと同じでよい。

(2) おもな栽培管理

①整枝・せん定

花サンショウの整枝・せん定も実サンショウと同様であるが、とくに樹形については、それほどこだわる必要はない。

ただ、日光が樹全体によく当たるようにすることが大切である。結果母枝のせん定も必要はない。

②施肥量と施肥法

花サンショウの三要素の必要量は、一〇a当たりチッソ一〇kg、リンサン八kg、カリ一〇kgくらいと、実サンショウより少ない。

多肥栽培は一時的に多収が望めるけれども、樹の寿命が短くなるといわれている。

花サンショウも実サンショウと同様に腐植に富んだ肥沃地がよいが、牛ふんや豚ぷんなどが多く施用されて、チッソ過多になっては逆に悪いので注意する。

花サンショウも実サンショウと同じように堆きゅう肥や鶏ふん、油粕などの有機質肥料がよく、とくに鶏ふんに特効があるといわれている。

花サンショウは萌芽期が早いので、元肥重点（九〇％）、追肥は一〇％くらいを芽出し肥として実サンショウより若干早く液肥として施用するのがよい（二月下旬～三月上旬）。

元肥の時期は十月中旬～下旬がよく、遅くとも十一月上旬までに施用しておくことが大切である。

花サンショウの施肥方法は実サンショウと同様に、苗木植付け後三年間は輪状施肥、四年目以降は敷ワラの上からの全面施用とする。樹が大きくなってくる四年目以降は中耕すると根が切れるだけでなく、悪影響を与えるといわれているので注意する。

③病害虫防除

花サンショウの病害虫防除も実サンショウに準じて実施すればよい。ただし、萌芽が実サンショウより若干早く、また新芽が軟らかくつぼみや花にもアブラムシが発生しやすいのでとくに注意する。アブラムシの被害を受けたものは売れないので十分気をつける。

そのほか詳しいことは、実サンショウ耕種的防除法を参照してほしい。

(3) 収穫・出荷

①収穫時期と方法

花サンショウの収穫時期は、種類やその地方によって異なるが、京都府で暖かい地方は四月下旬ごろ、やや寒い地方では五月上〜中旬である。その収穫期間は五〜一〇日、平均一週間くらいである。収量も樹齢によって異なるが、実サンショウの二〜三分の一で三〜五kgである。しかし、一〇年生一本当たり七〜一〇kgの多収を上げる人もいる。

収穫後は、むれやすいので、作業場などの冷暗所にムシロなど敷いてうすく並べておく。保冷庫があれば利用したい。

②選別・箱詰め

一般には無刺・有刺種を問わず、つぼみと若芽（新芽）とが一緒に発生するのでつぼみだけ別に収穫するのはむずかしい。

しかし、時間をかければ、別々に収穫することができる。前述したように優秀品は、最初、新梢が伸び、その先端につぼみだけが単独で着くので採取しやすく、つぼみがくずれないので秀品として取り扱われている。

①つぼみ、五〇gのビニールパック詰め。

②つぼみと若芽とをいっしょに採取したもの、五〇gのビニールパック詰め。

以上のものを一〇個または二〇個を段ボール箱に入れ、花の大きさと密度で二階級に分けて出荷販売している。

花サンショウの販売先は、中央市場へ農協（JA）から出荷しているものと、また、公設市場あるいは小売業者、さらに香辛野菜の専門業者に売っているので、価格も相場もまちまちである。

一般の花サンショウは、葉の着いた小枝にまたは新梢の先端に花が着成する。良いものは葉のない小枝にも着成する。

実サンショウ、花サンショウのハウス栽培

1　ハウス栽培のねらい

(1)　早出しで高収益をねらう

実サンショウは、一日早く出荷すれば一kg当たり三〇〇円は高いと一般的にいわれている。だから、生産農家としては早期出荷したいが、露地栽培では自然まかせであるので、どうすることもできない。したがって、ビニールハウスや施設を利用して早熟栽培をやってみたいという人もでてきている。無加温ハウスを利用すると、約二~三週間収穫期が早まる。

(2)　気象災害の防止

サンショウは、いずれも寒害、凍害、湿害、雹害などに弱い。これを被覆施設を利用することによ

って防止できる。

霜害については、ビニールハウス（無加温）のビニールの厚さ（〇・一ミリ）だけでは十分ではない。ハウスの外側に黒カンレイシャ、ライオシートの二重がけが必要になる。

ハウスの雪害については一回五〇cm以下の積雪量であれば、ビニールを毎年更新すればすべり落ちるので、ハウスがつぶれるような心配はない。しかし、二年目の古ビニールは、すべりが悪く、雪の重さでハウスが破壊されやすい。

また、すべての管理が集約的にされるので、株枯れも少なく、栽培と経営に安定性が加わり毎年安定した収益が得られる。

(3)　収量の増加と品質の向上

露地栽培とハウスによる早熟集約栽培とでは、一〇a当たりの収量に二〜三倍差がある。したがって収益の面では、さらに大きなひらきが出る。

また、露地栽培の場合は、その年の天候に左右されやすいので、生産が不安定である。しかし、ハウス栽培では、あまり天候に大きく左右されることが少ないので、毎年安定的に生産が得られる。

さらに、収量だけでなく、とくに収穫期に雨を防ぐから良品質のものが安定的に得られるという利点がある。

(4) 作業が天候に関係なくできる

ハウス栽培では天候に関係なく収穫や管理作業が自由にできる。年間の管理作業が自由にできることは、労力配分上でも都合がよい。とくに実サンショウ、花サンショウともに雨降りの中での収穫は、房ぶるいやつぼみもばらけやすいので、しないことになっているが、ハウスであれば適期に自由に収穫できるので、栽培及び経営上、たいへん都合がよい。

2 栽培のポイント

(1) ハウスの設置

①設置場所の選定

設置場所の選定については、露地栽培の場合と大きく変わるところはない。ただ、早熟または促成という立場からとくに次の点については厳密に検討する。

イ 排水良好で耕土の深い肥沃な壌土、または砂質壌土かどうか、

ロ 日当たりのよい南向けの暖かいところかどうか、

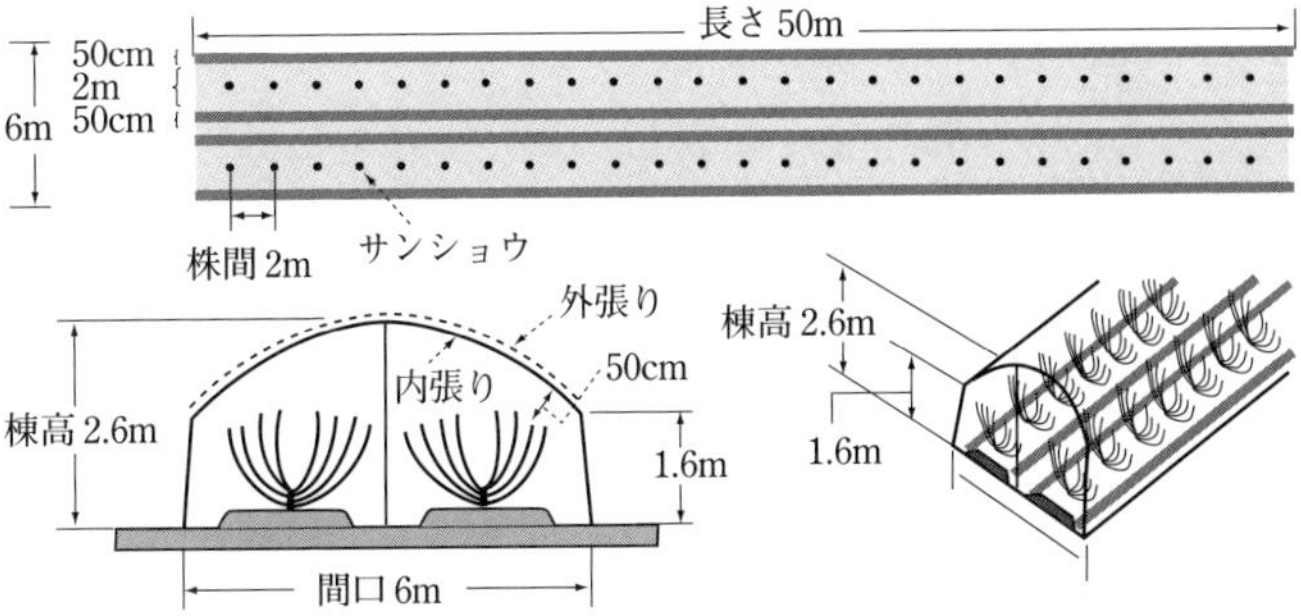

第4－38図　パイプハウス見取り図と栽植密度

ハ　風当たりの少ないところかどうか、の三点である。

②ハウスの構造と設置方法

ハウスは間口六m、両サイドの高さ一・六m、棟の高さ二・六mの一般に使用されているパイプハウスがよい。

屋根の傾斜は、積雪二〇cm以上の地帯では急勾配にする。また間口も広くすると雪で倒れやすいので注意する。

ハウスの設置方向は、日照と風通しを考えて十一～二月ごろ収穫の促成栽培では東西に、三～五月収穫の半促成または早熟栽培の場合と南北とする。

ハウスとハウスとの間隔は、東北や北陸の積雪量の多い地方は四～五m、積雪量の少ないその他の地域は二～三m開けておくことが必要である。

ビニールの張り替えは、十月の中・下旬ごろの気温のときが、いちばんうまくビニールが張れるのでよい。二年目以降になると雪のすべりが悪くなりハウスがつぶれることが多いので、毎年張り替えるようにする。

(2) 優良苗木の確保と植付け

ハウス栽培は、露地栽培とは集約度が違うので、生育のよい苗木を確保することが大切である。苗木は接ぎ木による自家生産がいちばん確実でよい。これが面倒なときは、信用ある種苗店から購入する。

苗木の植付け要領は露地栽培に準じて行なえばよい。栽植密度は条間二m×株間二m。前述したハウス三〇〇m^2（間口六m×五〇m）で四六本植えになる。一〇a当たりの栽植本数は一四〇本前後となり、露地栽培にくらべ少なくなるが、一本当たりの収量増によりカバーできる。

(3) 植付け後の管理

①被覆時期と温度管理

ハウスの被覆は、年間通して行なうが、完全な被覆期間は十月から翌春の五月までであり、その他の期間は両サイドは開けて、天井だけの被覆にする。

したがって、冬から春にかけての低温障害と春先の高温障害が問題である。

低温障害は、冬季と萌芽期に問題になる。最低気温がマイナス一〇度以下になれば、直接的な凍害が発生し、幼木樹は枯死することがある。しかし、休眠期であれば、特別の低温にならない限りハウスでは直接的被害は少ない。しかし、萌芽期は、樹液が流動しはじめているので被害を受けやすく、〇度以下になれば、かなりの霜害が発生する。サンショウにとっては、萌芽期が低温にもっとも弱い時期である。とくにハウス栽培では、保温によりまだ強い寒波がくる時期から萌芽させるので、防寒対策は万全にしなければならない。

霜害の防止は、萌芽期ごろ、とくに低温注意報に注意し、発令されればハウスの外側から黒カンレイシャ、ライオシート、サニーライトなどで被覆し、二重にすれば霜害は完全に防止できる。その場合、新梢とハウス屋根との距離は五〇cm以上あけておく、それより屋根が低かったり、新梢が付着していれば、被害が発生し枯死することがあるので十分注意をしなければならない。

さらに、春の昼間の高温障害は、ハウスを密閉しておくと、すぐ四〇度以上になり高温障害が発生するので、三〇度以上の高温にならないように天井またはサイドを開き、換気をはかる。

②湿度管理

ハウス内の湿度は五〇～七〇%くらいがよく、病気の発生も少ない。とくに重視しなければならないのは土壌水分であり、七〇～七五%くらいが正常である。専門的には土壌水分測定器によって測定し、対策を考えるのであるが、サンショウの場合は、そこまでする必要はない。

ハウスは露地と異なって自然降水がないので、人為的に適度のかん水をすることが絶対必要である。

第4－4表　サンショウのハウス栽培施肥設計の一例

（10a当たりkg数）

肥料名＼年別	1～3	1～6	7～10	11年以上	備　考
堆　肥	2,000	2,500	3,000	4,000	粗大有機物も含む
乾燥鶏ふん	60	80	100	150	—
油　粕	40	60	80	100	—
綿実油	20	40	60	80	—
木　灰	100	150	200	250	—
液　肥*（300倍）	1	2	3	4	芽出し肥，お礼肥として施用する

*液肥のかわりに，千代田化成（日産アグリ）を300～500倍に溶かしたものでも可

乾燥する夏場では毎朝かん水しなければならない。したがって、かん水施設の完備が要求される。ハウスは、土壌がよく乾くので常に注意をして観察をしていること。しかし、やりすぎると酸素不足で根腐れを起こすので十分注意する。

また、ハウス内の湿度調整は換気によって行なうことができるので、そのことも忘れてはならない。

③施　肥

施肥についても露地にほぼ準じていけばよいが、施肥量は、露地に比べて七〇～八〇％くらいにする。

④整枝・せん定

ハウス栽培での整枝・せん定は株間も二m×二mであるので、したがって樹高も一・六～一・八mくらいの低い樹形にしなくてはならない。露地の盃状わい化栽培よりいっそう小型の樹形となる。

整枝方法は、露地の場合に準じてやればよい。ただ、異なる点は、ハウスは栽培条件がよくなるので、樹の生長が速く四年もすると一年分生育が早まる。

小型に仕立てるには、植付け後からの夏季せん定にあたる捻曲誘引を徹底してやらなければならない。冬季せん定も集約的にしなければならない。とくに植付け一年目の手入れが将来に大きく影響するので特別の注意を要する。なお、盃状わい化仕立てにすれば、樹高も低くおさえられる。

⑤病害虫防除

ハウス栽培での病害虫防除も露地栽培に準じて行なえばよい。ハウス栽培ではハウス内の温度、湿度、換気の三点を守って適正管理をすれば、それほど発生するものではない。

(4) 収穫・出荷

実サンショウの場合、ハウス栽培での収穫期は、露地栽培に準じて、苗木植付け後三年目から結実するが、一年間ずらしたほうが将来の樹のためによい。

したがって、実質的には四年目から収穫期に入り、一本の樹当たり二〜三kg収穫できる。もし、これ以上結実するような場合は、摘花して一気にならせないようにし、樹の寿命を伸ばす。

花サンショウの収穫は露地と同様に行なえばよい。収量は二〜三割ふえ、収穫期も二〜三週間ほど早くなる。

ハウス栽培は、露地栽培より上物歩合（秀品率）が高い。

出荷容器は、単価が高いので、露地ものよりは小さな容器にしなければならない。実サンショウで五〇〇～一〇〇〇g箱、花サンショウで二〇～三〇gパック詰箱（段ボール箱に一〇箱詰め）くらいがよい。

ハウス栽培のものは、露地ものより高級となるから中央市場に重点をおいて出荷するのが有利だ。また、公設市場も利用するとよい。

木ノ芽の栽培

1　木ノ芽栽培の特徴

(1) 周年化する栽培

木ノ芽栽培は料理のツマ用に若葉を収穫するもので、関東を中心に全国的に広がっている。ハウスやガラス室を利用した促成栽培や、さらに苗冷蔵を行なった抑制栽培も発達しており、周年栽培が確立されている。

作型については、従来は露地栽培や秋芽採り栽培などいくつかのタイプに分かれていたが、最近では促成栽培と抑制栽培の二つの作型で年六回伏せ込み、周年出荷するようになってきている（第4―5表参照）。主産地の埼玉県川口市や愛知県稲沢市ではとくにその傾向が強く、促成と抑制の組合わせによる木ノ芽専門の農家も多い。

第4－5表　木ノ芽の作型と栽培のあらまし

A　従来の作型

種　別	方　法	苗木床伏せ時　期	採収時期	加温の有　無	備　考
促成栽培	ガラス室 ビニールハウス	11月下旬～2月	1～4月	加　温	早植えは湯温処理
抑制栽培	ガラス室 ビニールハウス	8月下旬～11月	9～12月	無期無加温 後期加温	苗木冷蔵（期間2月中旬～12月）
露地栽培	露　地	2月～5月	4～9月	自然温度	1，2年苗木2～3月植え 実生苗5月中下旬植え
苗木早掘りによる秋芽採り栽培	ガラス室 ビニールハウス	9月下旬～10月上旬	11～12月上旬	無加温	新梢の秋芽利用
短期冷蔵による促成栽培	ガラス室 ビニールハウス	12月上中旬	1～2月	加　温	苗木の短期冷蔵処理期間(11月上旬～12月上中旬)

B　新しい作型

種　別	方　法	苗木床伏せ時　期	採収時期	加温の有　無	備　考
促成栽培	ガラス室 ビニールハウス	1～2月	2～4月	加　温	湯温処理や低温処理不要
抑制栽培	ガラス室 ビニールハウス	4～12月	5～2月	前期無加温 後期加温	苗木冷蔵（期間2月中下旬～12月）

通常，年6回伏せ込み，周年栽培が行なわれている

そのせいか、最近では月別価格が平均化し、以前のような穴場がなくなってきている（第１―６表参照）。

(2)　木ノ芽用の品種

木ノ芽の栽培では、促成栽培と抑制栽培には有刺だが節間の伸びにくい野サンショウが用いられる。朝倉サンショウはトゲがなく、摘葉作業も容易であるが、フレーム栽培のため節間が長く伸びてしまい、摘葉量が少なくなってしまうため使われない。しかし、露地栽培では節間が伸びないので、朝倉サンショウを用いてもよい。

2　栽培のポイント

(1) 苗木の育成（第4—6表）

(2) 促成栽培（第4—8表）

(3) 抑制栽培（第4—9表）

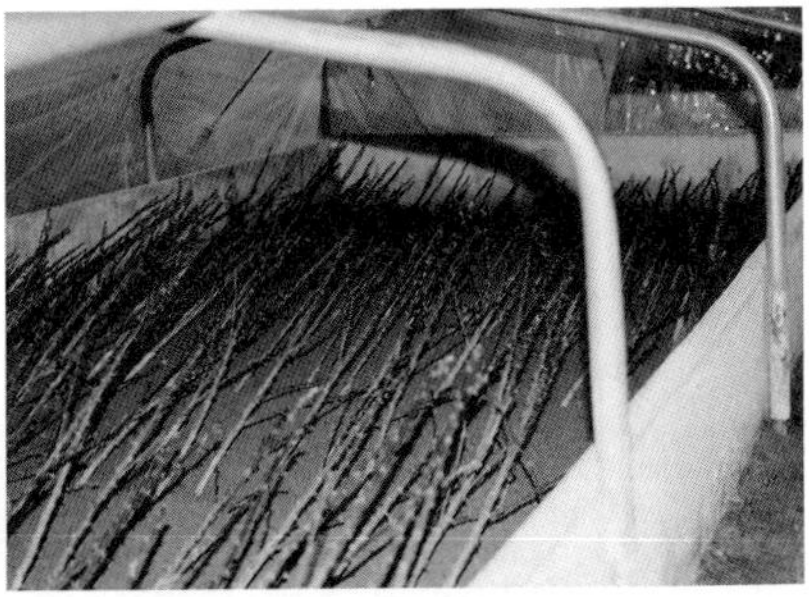

第4—39図　伏せ込んだ苗木

第4—41図　木ノ芽栽培で発生した新芽

第4—40図　ハウス内のフレームで栽培

第4—6表　苗木の育成

作業時期	作業の種類	技術内容	技術上の注意事項
七月下旬	採種		果実が黄熟して内部に黒色の種を包むころ。
	陰干し		五～六日、陰干しして種をとる。
九月中～二月上	種子の保存		木箱やカメなどに川砂を混ぜて、冷暗所に貯蔵する。
一月中	播種床の準備	ウネ幅一二〇cm、高さ一〇cmの短冊形	播種床は温暖、終日光線の当たる、肥沃な場所を選ぶ。播種二～三週間前に揚床をつくり、肥料を混ぜあわせておく。三・三m^2当たり、完熟堆肥一五kg、油粕〇・四kg、硫加〇・一kg。
二月中・下	播種	種子量三・三m^3〇・八l（一〇a当たり六l、発芽率約八〇%）	播種後軽く床面を鎮圧し、腐植土、または川砂を一・五～二cm覆土する。乾燥防止に稲ワラを敷き、なわを張り飛散を防ぐ。
四月中・下	発芽時の管理		発芽直前に敷ワラを除く。発芽後間引き、除草、アブラムシ防除を行なう。この間に一～二回薄い液肥を散布する。
五月上	苗床準備		土地は耕土の深い壌土または粘質壌土を選ぶ。苗床の肥料については第4—7表を参照のこと。
五月下	植付け	ウネ幅六〇cm（植え幅四五cm、通路一五cm）	植付けは土壌湿度の高い曇天無風の日を選ぶ。苗取りの三～四時間前に十分かん水しておき、細根

		横四列植え（条間一〇cm、株間一〇cm） 一〇a当たり五〇〇〇～六〇〇〇本	を切断しないようていねいに掘る。 活着をよくするため、根部をどう巻きにして植え、かん水も十分に行なう（草丈五～六cm、本葉三～四枚）。
六月上～七月	植付け後の管理	追肥	活着後に二～三回分施し、太く充実した根ばりのよい健苗を育成する。 注意　①有機質肥料主体（完熟堆肥） ②チッソ肥料の過用をさけ、遅配にならないように ③成分は一〇a当たりチッソ二〇～二五kg、リンサン一五～一八kg、カリ二〇～二三kg（前作によって加減）
		除草 乾燥防止 病害虫対策	植付け後や夏の乾燥期に敷ワラを行なう。 立枯病、アブラムシ（夏秋）、ハダニ（夏）。
一二～一月	苗木の掘りとり		春植えた苗は晩秋には平均六〇cmになるので、苗を掘りとり仮植しておく。

第4－7表　苗床肥料

（1a当たりkg）

	総　量	元　肥	追肥①	追肥②	追肥③
堆　　肥	200	200			
鶏 ふ ん	30	30			
草 木 灰	8	8			
苦土石灰	15	15			
油　　粕	12		6	6	
化　　成 （10－5－10）	5				5
塩化加里	0.6				0.6

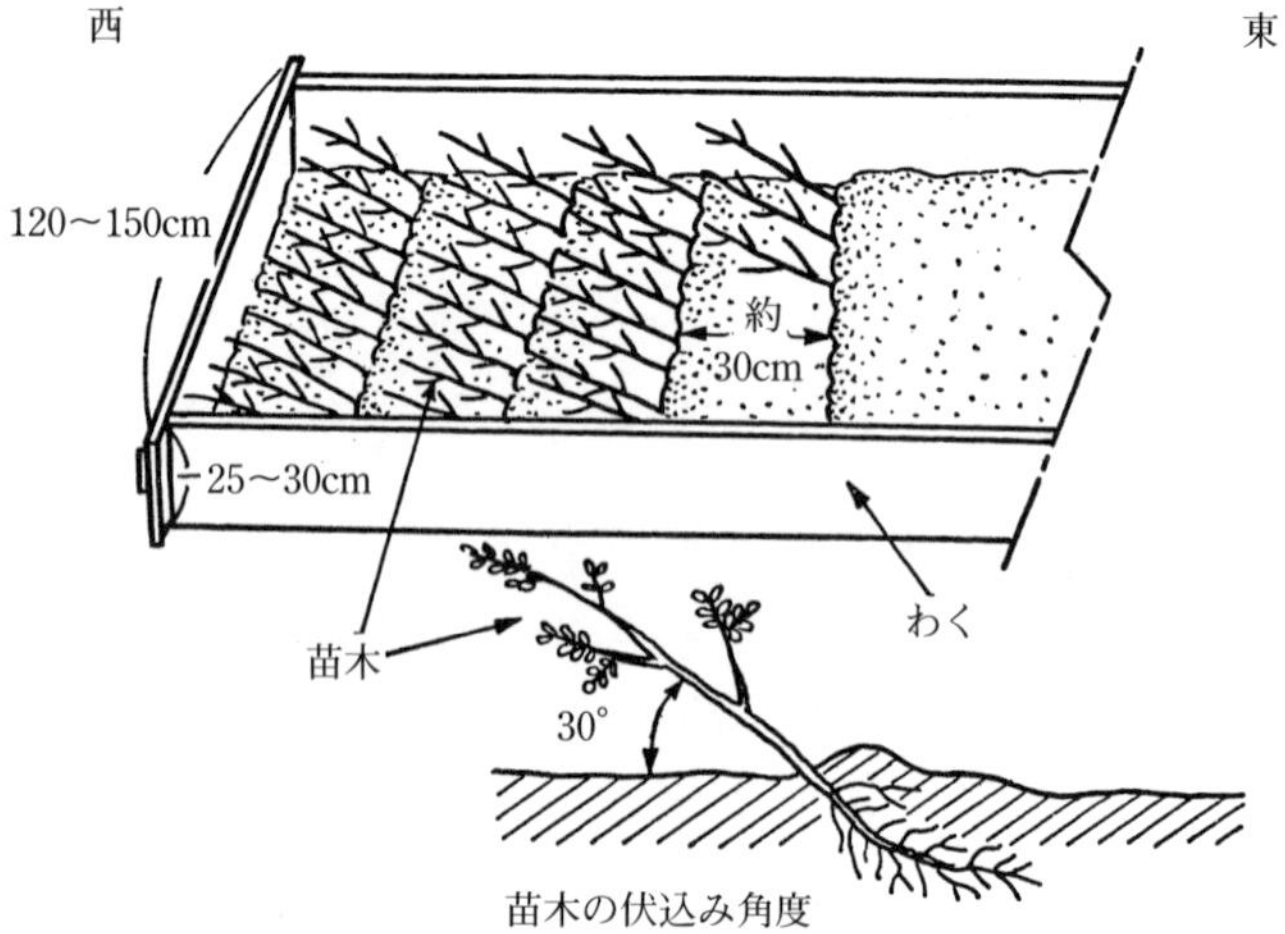

第4－42図　苗木の伏込み方

第4－8表　促成栽培（伏込みから収穫まで30日，摘採期間40日，5～6回）

作業時期	作業の種類	技術内容	技術上の注意事項
1月上中旬~2月	ビニールハウスの設置		間口：4.5m 棟の高さ：2.6m，東西方向
	栽培床の準備	床幅：120～150cm 床の深さ：25～30cm 床土の厚さ：12～15cm 電熱線の配線：100V，3.3m^2当たり250W	床土は肥沃な腐植土
	苗木の伏せ込み	条間：25～30cm 株間：2～3cm （3.3m^2当たり500～600本）	第4—42図を参照のこと。
2月上~中旬	栽培管理	＜萌芽期＞ 床内温度25℃ 床内湿度90%	萌芽期は「蒸す」状態に保つ。晴天時は午前1回噴霧状に散水して枝梢をぬらし，床をビニール障子かトンネルで密閉して萌芽を促進する。
		＜発芽後＞ 床内温度 22～23℃	週1回3.3m^2当たり18lかん水する（晴天日は増量する）。換気により適温，適湿を保つ。
		遮　光	3月以降，上部に黒のカンレイシャを覆って弱光線にし高温による葉焼けを防ぐ。
		病害虫対策	白絹病（高温多湿の時），アブラムシ。
	収　　穫	新葉3～4枚のころ1人1時間当たり2,000枚（熟練者），40日間（5～6回）	サンショウの採収は幼芽が伸長して新葉3～4枚発生したとき，十分に展開した若葉を元葉から順に1～2枚摘葉する。とり方はピンセットか，指先を挿し入れて摘みとる。木ノ芽は鮮度が生命であり，鮮緑色をした芳香の高いものが良品。

第4－9表　抑制栽培（伏込みから収穫まで15～20日，採収期間40日間）

作業時期	作業の種類	技術内容	技術上の注意事項
1月下旬～2月上中旬	冷蔵用苗木の掘取り	苗木の大きさ：50～60cm	根部を乾燥させないように掘取り後の管理に注意すること。
2月中旬～3月上旬	苗木の冷蔵	冷蔵期間：20～30日間 冷蔵庫の大きさ：120×90×90cm 特製箱（1,500～2,000本入り）	冷蔵温度0～1.0℃の恒温とする。冷蔵湿度85～90%恒湿とする。箱の内部に紙を張り乾燥を防ぐ。また箱の上，下に，ワラを敷き出入庫や運搬のさいの衝撃を防ぐこと。
3月	栽培床の準備	ビニールハウス 間口：5.4m 棟の高さ：2.6m 床幅：150cm 床の深さ：25～30cm	4～5月と10月以降は一般のハウスでよい。6～9月の高温期は遮光設備が必要。ハウスの上部に黒ビニールを張り，さらにカンレイシャで覆い，サイドと出入口もカンレイシャを張る。10月以降は温床線を配線して栽培の途中からでも通電できるようにしておくとよい。
4月	苗木の伏込み	苗木の伏込みやその他の管理は促成栽培の場合に準じて行なえばよい。	4～5月の伏込みは無加温でよいが，夜間はビニール障子，またはビニールトンネルを密閉し，低温の場合には，さらに被覆物をかけて適温に保つこと。6月以降は昼夜の別を問わず栽培床の被覆は必要なく，反対に高温時には，ハウスのサイドの部分を開いて換気をはかり，葉焼けなど高温障害を受けないようにする。真夏の強烈な直射日光に当てない。
4～5月	栽培管理	同　上	抑制栽培の冷蔵苗木は，萌芽の斉一なことが特徴で，床伏せ後15～20日で早くも第1回の収穫がはじめられる。
	収　穫	同　上	

(4) 収穫・出荷

①商品としての条件

サンショウの若葉は、吸い物の吸い口などや料理のツマに用いられるので、鮮度が生命である。幼芽が十分に展開した、いわゆる若々しい感じを与える若葉であって、鮮緑色をした芳香の高いものが良品である。

摘葉時期が遅れると、大葉、老葉となって葉が硬化し、しかも若々しさと、光沢、香気に乏しいので商品価値が著しく劣る。

②収穫の時期と方法

サンショウの採収は、幼芽が伸長して新葉三～四枚発生したとき、十分に展開した若葉を、元葉から順に一～二枚摘葉する。

摘葉の際、長時間直射光線や風に当てると幼芽や若葉が萎凋し、あるいは葉焼けを起こし、さらに新梢の伸長を一時停止する。したがって、採収する箇所のビニール障子や、トンネルだけを除いて作業するとともに、採収前あらかじめ軽くかん水して葉を濡らしておく。また、強い光線の場合はハウスの天井部分に、カンレイシャを張り、弱い光線にしてから摘葉を行なう。

採収には、ピンセット、または爪先で一枚ずつ摘みとるが、有刺のため摘みにくいので、料理用の葉バシか二本の小竹をハシのように持って苗木を左右に開いて間隔をつくり、そのなかにピンセットや指先をさし入れて摘みとる。

摘葉した若葉は萎凋しやすいので、水を入れた桶などの容器に直接投入するか、または、いったん小桶などに入れ、萎凋しないうちに前述の水桶に移し替える。熟練すれば一時間に二〇〇〇枚は摘むことができる。収穫期間は四〇日くらいにわたるが、その間五～六回収穫を継続することができる。なお、摘み残しをすると、老化して商品価値を落とすので、残さずに摘みとる。

③調製・荷造りと収量

木製の折箱（一五cm×八・五cm×二cm）または、同規格の塩ビ製パックに薄紙を敷き、水切りしたばかりの若葉一〇〇枚内外（約三〇g入り）をピンセットでていねいに並べて薄紙で覆い、蓋をしてゴムバンドで留める。

この折箱一〇箱を重ねてビニールテープで結束し、段ボール箱に五〇～一〇〇箱を詰め、輸送中に光線や風が直接入らないよう荷造りして発送する。

なお、三・三平方m当たりの収量は、二万～三万枚、すなわち二〇〇～三〇〇箱である。

(5) 苗の再生利用

サンショウの栽培には、一年間畑地において養成した実生苗木を用いる。促成栽培に使用した古苗木を畑に植え出し、さらに一年養成仕直した二年生苗木を用いることもあるが、側枝の発生が多く、枝条が乱れて摘葉作業が困難である。したがって、苗の再利用は一般に行なわれていない。

なお、本項をまとめるにあたって次の文献から引用・抜粋させていただいた。

サンショウの周年栽培技術「農業及園芸」第五〇巻第一二号（一九七五年）元、愛知県立稲沢高等学校、西垣繁一先生。

木ノ芽のつくり方「普及活動資料」（一九八二年六月）京都府木津農業改良普及所、主査・土橋正宏氏。

サンショウの鉢植え栽培

1　鉢植え栽培のねらい

第4－43図　実サンショウの鉢植え
（3年生）
樹冠幅100cm，樹高120cm。今年初結実，1本で300ｇ収穫。
鉢は45cm（尺5寸の素焼き鉢）を利用すると樹齢が長く維持できる

最近サンショウの鉢植えしたものがよく売れて、静かなブームになっている。サンショウは、よく枯れるので、よく売れるのかもしれない。

鉢植えサンショウの生産販売を計画的に推進していけば、ちょっとした産地つくりもすることができる可能性がある。

サンショウの鉢植え栽培も、一鉢（尺五寸鉢の場合）五〇〇〇～六〇〇〇円くらいの立派なものができるし、また、とくに花サンショウの優良系統のものを栽培すれば、思わぬ「金もうけ」ができるのではないかと思われる。一鉢一万円くらいで売れていくかもしれない。

ハウスに入れて生産する場合は、尺鉢くらいのものを利用したほうが利益率が高いと考えられる。一鉢二〇〇〇円前後で販売できる。

2　栽培のポイント

(1)　植付け

鉢の準備　鉢植えは、その利用目的によって鉢の大きさが違うが、長期利用する場合は尺五寸鉢がよい。これに土を入れると約四〇kgくらいの重さとなり、一人で移動するのがむずかしいくらいになる。

種類は素焼き鉢がいちばんよい。また古材、空き箱など利用してつくってもおもしろい。

用土の準備と植付け　鉢土は、第4―44図のようにつくり、植付け二週間前に準備しておく。そのとき肥料もよく混合し、植付けまでに三～五回切返しを行ない土とよくならしておく。

植付けは、下に鉢床ネットを敷き、その上にヒュウガ土を少し入れ、用意した鉢土を入れながら苗

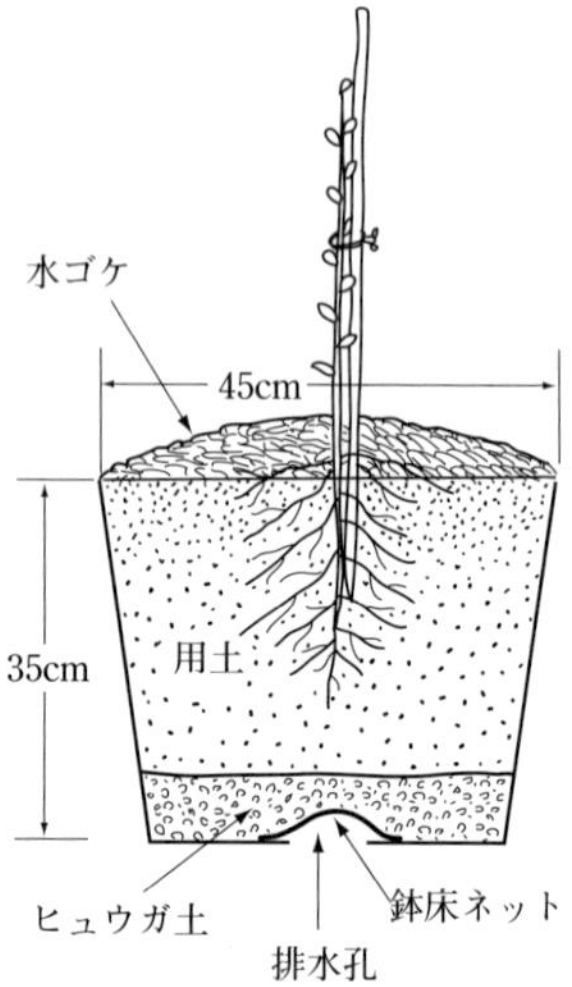

第4－44図　鉢植えの要領

・ヒュウガ土　20%
・用土　80%
　ピートモス　20%
　腐葉土　40%
　肥沃土またはバーク堆肥　10%
　パーライト　10%
・肥料は，苦土石灰50g，木灰50g，鶏ふん50g，油粕50g

上記肥料は使用の2週間前に用土とよく混合し，土をならしておく。また，鶏ふんは発酵させたものを使用すること

を植える。深植えにならないよう、接ぎ木部がみえかくれするくらいに植える。用土は鉢いっぱいに入れ、鉢より五cmほど高くなるようにする。植えたら、用土の上から、水ゴケや稲ワラの細かく切ったもので覆い、十分かん水しておく。

また、支柱を立てておくと、樹がゆがまなくてよい。

(2) 植付け後のおもな管理

①鉢の置き場所

サンショウの鉢植え栽培についての鉢の置き場所は大別して、冬と春は室内に、夏と秋は室外に置くのがよいと思う。

冬場は気温が低く、低温障害を受けやすくなる。春でも萌芽期は霜害をこうむりやすいので、とくに夜間の置場所については十分検討しなければならない。

夏や秋でも、雨が直接当たらない家の軒下で、光線のよく当たるところがよい。

室内での置場所は、とくに日光のよく当たる明るいところがよい。

②日常の管理

サンショウの鉢植え栽培は、鉢の土壌がよく乾燥するので、常に注意し適正なかん水を行なうこと。夏場や春は非常に土壌が乾きやすいので注意し、また、梅雨はかん水がすぎて湿害と酸素不足による生理障害が発生するので注意すること。

冬季のかん水については、朝の一〇時ごろに行ない、決して午後にはしない。午後にやると、それが夜に凍結する原因となるので考えなければならない。

また、鉢の表土の上には、常に水ゴケ、切ワラなどで土壌を保護する。かん水をたびたび行なうので、敷き物がないと土がしまり固くなり酸素の供給が悪くなるので、十分水ゴケを施用して土壌の乾燥と固まりを防ぐ。そして常に土壌を適湿に保つことが大切である。

追肥は第4—10表の基準によって施用すること。

病害虫防除は、露地栽培に準じて行なえばよい。

第4－10表　鉢植え栽培での追肥の基準

施用時期	肥料の種類	施用量	備　考
10月	油粕，鶏ふん，骨粉，貝がら	各20g	各肥料とも充分発酵させてから使用すること
3	油粕，鶏ふん，骨粉，貝がら	各5g	
8	油粕，鶏ふん，骨粉，貝がら	各5g	

③整枝・せん定

サンショウ鉢植え栽培の整枝・せん定も、露地栽培の場合とそれほど変わるところはない。樹の大きさは、樹高一m、樹の開張幅一mくらいを目標に樹形を完成すればよい。

せん定の時期は、十一～十二月上旬ごろがよい。一～二月は気温が低いため、傷口が癒《ゆ》合しにくく、枯れ枝の原因になるので注意すること。時期を失した場合は、二月下旬まで待って行なう。

鉢植えで一番の研究どころは、整枝・せん定と床土づくりにかかっている。自分でいろいろ工夫するとよい。研究すればするほど、おもしろさがでてくる。

(3)　収　穫

サンショウの鉢植え栽培では、植付け三年目には収穫期に入るが、少し実が成る程度で、収量はごくわずかである。むしろ一年間しんぼうして、四年目から収穫するように三年目は摘花しておくと、樹の生長が旺盛となり、四年目には一～二kgとれるようになる。

花サンショウも四～五年すれば、一kgくらいとれるようになる。

第5章

貯蔵・加工・利用の実際

1　貯蔵（保存）方法

(1)　実サンショウの貯蔵

実サンショウの貯蔵には、缶詰、ビン詰、冷凍、塩漬け、みりん漬け、酒・焼酎漬け、醤油煮などによる方法がある。また、塩分濃度などを調節することで、保存期間も短期、中期、長期と調節できる。いずれも必要に応じて、解凍、塩抜き、アルコール抜きをして使用する。

貯蔵した実サンショウは、いろいろな料理や佃煮などに使用されるので、良質なものでなければならない。四章一二九ページ「(1)　用途別の収穫時期」のところでも述べたように種子が白色のうちに収穫し、果色が鮮やかな緑色で、食欲をそそるような芳香があり、苦みがなく、軟らかく肥大したものを選ぶことが大切である。種子が褐色や黒色に変色した成熟果に近いものは、一般料理や佃煮には利用できない。

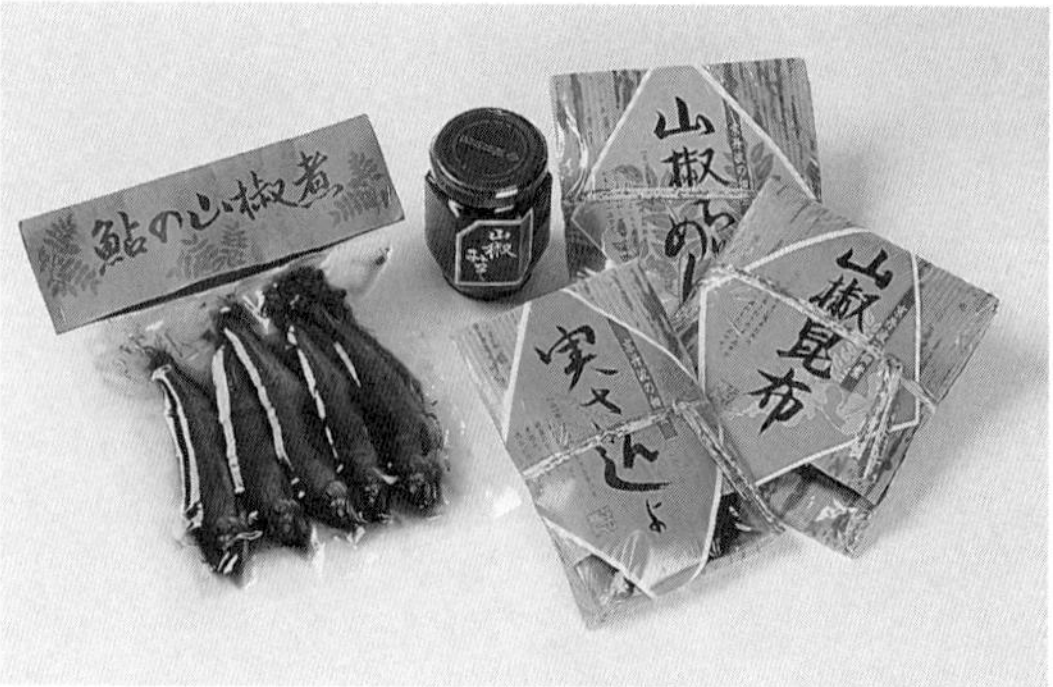

第5—1図　いろいろなサンショウの加工品
（写真：小倉隆人）

1　缶詰、ビン詰貯蔵

実サンショウを熱湯に二～三分間つけて殺菌したあと、真空、ビン詰、缶詰とする。ビン詰めは量が少なければ家庭でもできるが、一定の施設と機械がなければできない。大量を処理する場合は業者に委託する。

なお、家庭でする場合は次のように行なう。保存専用ビンに内容物を約九〇％位（ビンの肩のところまで）入れ、軽く蓋をして、煮沸釜の中に並べて入れ、七五℃で約二〇分間程度脱気する。いったん取り出して蓋をかたく締め、再び約三〇分間煮沸殺菌する。終れば湯から取り出して放冷する。この方法は、実サンショウだけでなく、そのほかのサンショウの佃煮などでも同様に行なえばよい。

2　ビニールパック詰（実サンショウ）

熱湯に二～三分間湯通しをし殺菌後冷却、乾いたものを、専用ビニール袋に入れ機械で真空パックとする。

3　冷凍貯蔵法

湯通し（二～三分）してからザルに上げ、冷却して乾いたものを専用ビニール袋で真空パック詰めにしてから、冷凍庫か冷凍施設で貯蔵する。なお、短期貯蔵であれば、手作業で空気を抜く程度でもよい。

4　塩漬け貯蔵法

実サンショウを業務用として大量に貯蔵する場合は、コンクリートの貯蔵施設や、酒樽に漬ける。自家用として少量漬けるには、梅酒用の四リットル容器がよく利用されている。

〈材料〉

実サンショウ一kg（果粒の中の種子が白く、未熟果で、軟らかなものを選ぶ。）

食塩　貯蔵期間で調節（短期一〇～一五%、中期一五～二〇%、一年以上の長期二〇%以上）

〈つくり方〉

①サンショウ実は、きれいに洗い、たっぷりの湯で二～三分ほど茹で、すぐ水にとる。
②①をザルに上げ十分水を切る。
③容器の底に塩を敷き、サンショウと塩を交互に入れていき、最後に押し蓋をして重石（五〇〇g）をする。
④二～三日すると水があがるので、重石を軽くして、さらに一週間漬ける。
⑤一週間後にサンショウの実をザルに上げ、漬け汁を捨てる。
⑥分量外の塩を適宜用意し、サンショウの実にまぶして広口ビンに詰め冷暗所に置いて貯蔵する。

5　みりん、酒、焼酎漬け貯蔵

みりん、酒、焼酎を使って長期貯蔵（一年以上）することができる。ここではみりん漬けを取りあげる。

〈材料〉

サンショウの実五〇〇g、食塩一〇〇g、みりん四〇〇cc

〈つくり方〉

①サンショウの実はきれいに洗い、たっぷりの湯で二～三分間ほど茹ですぐに水にとる。
②これをザルに上げて、よく水を切る。
③四リットル入り梅酒ビン（広口）にみりんを入れ食塩もともに入れ蓋をする。
④冷暗所、または冷蔵庫に入れておけば一年間くらい保存できる。

6　サンショウの実の醤油煮による貯蔵

〈材料〉

サンショウの実五〇〇g、醤油〇・五カップ、砂糖大さじ三、酒大さじ二、みりん大さじ二

〈つくり方〉

①サンショウの実を一度茹でて辛味を和らげる。茹でてそのまま置き、ぬるま湯程度に冷めたら、ザ

ルに上げ、冷水にさらして一晩おく。
②よく水気を切り、調味料を加え約三時間ごく弱火で煮汁がなくなるまで煮詰めてできあがり。
こうして煮て冷蔵庫で保存しておくと、一年中フキやコンブの佃煮を煮るときに利用できる。

(2) 葉サンショウの貯蔵法

葉専用の品質もあるが、一般的には実サンショウ、花サンショウの成熟葉を利用する。七～八月に取って乾燥させて缶に入れておいて貯蔵保存し、川魚料理などに使用すると香りがよく効果的である。葉専用種の場合は、若芽や若葉を和え物や佃煮にする。若芽のときは木ノ芽よりもボリュームがあり、魅力を感じる。

十分乾燥させたものを缶に入れて保存する。

2 加工方法

(1) 実サンショウの加工

1 山椒味噌

〈材料〉

赤味噌三〇〇g、酒二五〇cc、実サンショウ一五〇g、かつお昆布だし一袋（四g）、砂糖一五〇g、みりん五〇cc

〈つくり方〉

鉄鍋に、赤味噌、砂糖、酒、だしを所定量入れて四〜五分炊き、その後、実サンショウのすったものを少量ずつ入れながらよく混ぜて、水分がなくなるまでとろ火で炊きあげる。最後にみりんを少量入れるとさらにおいしくなる。三〇分で十分炊きあがる。

2　ちりめん山椒

〈材料〉

チリメンジャコ一〇〇g、醤油大さじ二、サンショウの実三〇g、砂糖小さじ二、昆布だし汁三分の一〜二分の一カップ、みりん大さじ三

〈つくり方〉

①みりん以外の調味料を合わせて煮立て、チリメンジャコと茹でたサンショウの実を入れる。
②汁気がなくなる少し前にみりんを入れて煮詰める。

チリメンジャコの硬さと塩の加減により、だし汁と醤油の分量を多少加減する。

3　山菜ふきよせ

〈材料〉

塩漬けフキ二〇〇g、干しシイタケ五〇g、塩漬けゼンマイ二〇〇g、サンショウの実五〇g、塩漬けワラビ二〇〇g、醬油一・五カップ、塩漬けタケノコ二〇〇g、みりん一カップ、ごま油大さじ二、水あめ一〇〇g

〈つくり方〉

①塩漬けした山菜は、鍋で水から加熱してもどし、一日水に浸して塩出ししてから水気をしぼり、三～四cmの長さに切る。

②干しシイタケはもどして、細切りとする。

③鍋にごま油を熱し、山菜を炒め、シイタケ、サンショウの実を加え、醬油とみりんで煮つける。汁が少なくなったころに、水あめを加えてさらに煮てつやを出す。

(2)　花サンショウ、サンショウの芽などの加工

1　花サンショウの佃煮

〈材料〉

花サンショウ五〇〇g、酒三六〇cc、醬油三六〇cc、みりん一八〇cc、砂糖一〇〇g

第5―2図　佃煮の箱詰め（左）と花サンショウの佃煮（右）

〈つくり方〉

①鉄鍋に、砂糖、酒、みりん、醤油を入れて二～三分炊く。

②軽く水洗いした花サンショウを入れてかき混ぜる。

③二～三回混ぜながら強火で一〇分間炊き、その後弱火で一五～二〇分間炊いて煮詰める。

2　チリメン花サンショウ

〈材料〉

花サンショウ五〇〇g、砂糖一〇〇g、チリメンジャコ五〇〇g、酒三六〇cc、醤油五〇〇cc、みりん三六〇cc

〈つくり方〉

①鉄鍋に、醤油、砂糖、酒、みりんを入れてよく混ぜ四～五分炊く。

②軽く水洗いした花サンショウを入れ、つづいてチリ

メンジャコを入れ、花サンショウとチリメンジャコがよく混ざるよう、四～五回混ぜながら強火で一五分炊く。

③その後は弱火で一〇分程煮詰める。この間も二～三回混ぜるようにする。

3 サンショウの芽の佃煮

〈材料〉

サンショウの芽（摘みたてを使う）三〇〇g、醤油一〇〇cc、みりん五〇cc、酒五〇cc

〈つくり方〉

①サンショウはきれいに洗って熱湯に入れ二分間ほど茹で、すぐ水にとる。

②茹でたサンショウは細かくきざむ。

③鍋に、醤油とみりんを入れ、サンショウを加えて弱火でゆっくりと汁気がなくなるまで煮詰める。長期間保存するためには、保存びんに詰め、殺菌してから密封する。

4 サンショウの樹皮（甘肌）の佃煮

〈材料〉

甘肌一〇〇g、生シイタケ一〇〇g、コンブ一〇〇g、酒一八〇cc、醤油一八〇cc、みりん一八〇cc

〈つくり方〉

①鉄鍋に、醤油、酒、みりんを入れて二～三分炊いて、そこへ甘肌とコンブ、シイタケを細かく切ったものを混ぜながら入れる。

②中火で三〇分間炊き、さらに弱火で二時間以上炊いて、汁がないように煮詰めるとできあがる。

これは最高の珍品で市販されていないが、僧坊では昔から用いられていたという。口に入れるとピリピリして酒の肴としてもよく合う。

(3) 食品以外の加工品

サンショウは、実から、花、葉、幹まで利用でき捨てるところがない。樹は硬く香りがよいので、すりこぎ、箸、杖などに利用され、高値で取り引きされている。とくにすりこぎは、料理をつくるための貴重な道具である。高級料亭の板場長に聞くと、気に入った古木でよい物なら、一本何十万円しても求めたいものの一つであると聞いている。

このほか、箸や杖などが京都の観光地などでよく売れている。

3 サンショウの料理と菓子

(1) 実サンショウの料理

1 寒ハエのサンショウ煮（ハエ＝川魚「オイカワ」のこと）

〈材料〉

寒ハエ（腹とりしたもの）一kg、サイダーまたは炭酸水三六〇cc、醤油三六〇cc、砂糖五〇g、酒一八〇cc、みりん一八〇cc、じょうせん飴（麦芽飴）または水あめ五〇g、実サンショウ五〇粒

〈つくり方〉

①鉄鍋にサイダー、醤油、砂糖、酒、みりんを入れて二〜三分炊き、沸騰したら実サンショウを入れる。

②二〜三分したら、腹とりをした寒ハエを一匹ずつ入れて、落とし蓋をして強火で三〇分位炊く。

③その後、かた炭を入れて用意したコンロに据えかえて、中火で三時間くらい炊き、その後は弱火にして三〇分炊いて煮詰める。四〜五分前に、じょうせん飴を入れて仕上げをする。

④炊いた後は急激に冷やし、一晩そのまま置いて、翌朝処理をするようにすれば、型がくずれること

なく皿に盛ることができる。

2　ゴリのサンショウ煮

〈材料〉

ゴリ七〇〇g、醤油三〇〇cc、砂糖五〇g、酒三〇〇cc、みりん三〇〇cc、じょうせん飴一〇〇g、実サンショウ五〇粒

〈つくり方〉

①鉄鍋に、醤油、砂糖、酒、みりん、実サンショウを入れて四～五分して十分沸騰したら、洗っておいたゴリを少しずつバラバラと入れる。

②入れ終わったら落とし蓋をして、強火で一〇分間ほど炊き、その後、三〇分ほど中火で炊く。

③その後は弱火で二〇分ほど炊いて、じょうせん飴を入れ、五分間ほど汁がなくなるまで煮詰める。

④ビンに詰めて殺菌・密封して冷暗所におくと、長期保存ができる。

最高の珍味で、進物用としても大変喜ばれる。

3　ギギの照り焼きと、川うなぎのかば焼きのタレ

〈材料〉（五人分）〉

ギギまたは川うなぎ一kg、実サンショウ三〇粒（すりつぶす）、酒九〇cc、みりん九〇cc、砂糖五〇g、醤油一八〇cc

〈つくり方〉

①鉄鍋に所定の酒、みりん、砂糖、醤油を入れて火にかけ沸騰させる。すぐ冷却して、すりつぶした実サンショウを入れて十分混ぜ、タレをつくる。このタレは古いものほど美味しいので、数年間利用することができる。冷蔵庫に保存しておくとよい。

②川魚専用のまな板の上で、ギギの頭をきりで差し止めておき、川魚専用の切りだしで背開きをして、背骨を取り除く。これを金の串に刺して、コンロで堅炭を使って焼く。ほぼ焼けたと思ったら、実サンショウでつくったタレに浸し、また焼く。そしてもう一度タレに漬け十分味がしみこむようにして、仕上げる。

川うなぎもギギと同じ要領で行なえばよい。

なお、ギギは結核の特効薬として、昔から重視されている。

(2) 花サンショウの料理

花サンショウの収穫時期は、ハウス栽培も含めて三〜四月である。貯蔵がきかず、とくに鮮度が要求される最高級の品である。この時期はアマゴの旬なので、刺身や焼き魚に最適である（稚アユのぶつ切りもおいしい)。花サンショウはツマに添えておき、食べる時にもんでふりかける。

もちろん、花サンショウは高級料理のツマやすましの浮かし、佃煮利用が多い。

筆者の研究では、高級酒の冷やに花サンショウを浮かして飲む味は格別である。試してみてほしい。花サンショウ酒と呼んでいる。

(3) 木ノ芽の料理(木ノ芽あえ、田楽)

〈材料〉

・木ノ芽みそ
木ノ芽一にぎり、＊青よせ大さじ一、味噌大さじ五、砂糖大さじ二・五、煮だし汁または酒大さじ二〜三
・木ノ芽あえ
タケノコ、いか、ウド、フキ
・田楽(でんがく)
豆腐、こんにゃく

〈つくり方〉

①木ノ芽の葉を摘みとり、洗ってザルに入れ、熱湯をかけたらすぐ水に浸けて熱をとる。

②①の木ノ芽をすり鉢に入れてする。
③②に味噌、煮だし汁、砂糖を加えてすり混ぜる。
④別にこしらえておいた青よせをきれいな青色になるまで加える。
⑤④の味噌で、茹でたタケノコ、いか、ウド、フキなどをあえると木ノ芽あえ。豆腐やこんにゃくの上に塗って焼くと田楽。

〈ポイント〉

①熱湯をかけることによってあくがとれ、色が美しく真っ青になる。
②味噌の辛さ、硬さにより、砂糖と煮だし汁の量を加減する。
③木ノ芽だけで美しい色を出そうとすると、木ノ芽がたくさんいり、辛味が強すぎておいしくないので青よせを加える。

＊青よせのつくり方

①ホウレンソウ、コマツナなどの葉先を摘みとってよく洗い、生のまますり鉢に入れてよくする。水を少しずつ加えてなおよくする。これをふきんでこすと、青い汁がとれるので、この汁を鍋に入れて火にかける。表面に青い固まりが浮いてくるのでふきんの上にとって捨てる。残ったエキスが青よせ。
②かんたんな青よせのつくり方

ホウレンソウなどの葉先の軟らかいところを茹でてうらごしする。

(4) 葉サンショウの料理

1 冬ドジョウの葉サンショウ煮

ドジョウは、脂がのっている冬期がいちばんおいしい。昔は田舎の湿田の泥の中にたくさんいたものである。冬場に湿田の横の溝をジョウレン（鋤簾―竹などで編んだちりとりのようなもの）でさらえると、一度に五～六匹ほどが、泥とともに上がってきたものである。イドコ（かご）に入れて流水に一週間ほどつけておくと泥が抜けるので、これを煮る。

〈材料〉

ドジョウ一kg、醤油三〇〇cc、酒一八〇cc、みりん一八〇cc、砂糖五〇g、じょうせん飴五〇g、葉サンショウ（乾燥葉をもどしたもの）一〇枚

〈つくり方〉

①鉄鍋に、醤油、酒、みりん、砂糖、葉サンショウを入れて煮る。
②沸騰したら、ドジョウを一匹ずつ入れて落とし蓋をする。強火で一〇分間、その後中火で四〇分間、弱火で一〇分間炊く。
③炊き終わる五分前に、じょうせん飴を入れて煮詰める。または汁を多くしておいて、冬の煮こごり

を楽しむのもよい。酒の肴によく合う。

2　カマツカの葉サンショウ煮

京都の四～五月は、カマツカがよく釣れる旬である。また、サンショウの葉も若くよい香りがするので、この魚がいっそうおいしく食べられる。

〈材料〉

カマツカ（腹抜きしたもの）一kg（五〇～六〇匹）、醤油三〇〇cc、砂糖五〇g、酒一八〇cc、みりん一八〇cc、サイダー三六〇cc、じょうせん飴五〇g、葉サンショウ一〇枚

〈つくり方〉

①鉄鍋に、醤油、砂糖、酒、みりん、サイダー、葉サンショウを入れ四～五分して沸騰したら、腹抜きをしたカマツカを一匹ずつ入れ、落とし蓋をして三〇分ほど煮る。

②次にコンロに準備した堅炭と豆タンで、中火で二時間、弱火で三〇ほど炊く。じょうせん飴は、炊き終わる五分前くらいに入れて煮詰めて仕上げる。

(5)　菓子の原料として利用

菓子の原料としてサンショウが使われるのは、そう珍しいことではないが、最近は利用するお菓子

屋さんも増えつつある。全国の和菓子業界を代表する、京都の二〜三点を紹介しておこう。

山椒餅（俵屋吉富《たわらやよしとみ》製）　江戸銘菓として、切山椒（サンショウの実の粉を餅に混ぜてつくったもの）を売り出したという歴史を持っている。俵屋の山椒餅は、ほのかなサンショウの香り、ほのぼのとした日本古来の風味で、京名物として好評を得ている。

木ノ芽薯蕷《じょうよ》（嘯月《しょうげつ》製）　本来は、サンショウの若葉がでる、五月ごろのお茶会に使われるお菓子だったといわれているが、木ノ芽の香りが春を感じさせるところから、近ごろは二〜三月にかけてつくられている。中はこし餡で薯蕷《じょうよ》饅頭の上に、できるだけ小さな木ノ芽を焼き込んで仕上げる。

野菜煎餅（末富製）　京都は古くから野菜の宝庫で、そのなかから伝統あるサンショウの木ノ芽、ゴボウ、レンコンを入れてつくられていて、四季の風味と香ばしさが広がる煎餅である。

付録　生育および収量を阻害する要因（サンショウの枯れる原因）

自然的条件がよくない	気象的に十分でない	・低温障害がある ・晩霜害が発生する ・西日がきつい ・降水量が多い
	土壌的によくない	・粘質土壌である ・耕土が浅い ・土地がやせている
	圃場の地形的条件がよくない	・山麓の傾斜地で水脈が通っている ・地下水位が高すぎる
苗木が悪い	共台木が使用されている	・朝倉サンショウの実生台木が利用されている
	ごぼう根である	・挿し木用台木を使用していない
	病害虫に侵されている	・紋葉病，白絹病が発生している
	根が乾燥している	・苗木の保管，輸送方法が悪い
植付け方法が悪い	植穴の準備が完全でない	・植付け前の夏に完了していない
	苗木根部の事前処理ができていない	・根の事前処理がされていない ・根の消毒，根の損傷部分の切除がされていない
	植え方がまずい	・根を乾燥させないように注意をはらっていない ・深植えになっている ・灌水が十分でない
植付け後の管理が適正でない	冬季防除を実施していない	・12～2月下旬までの間に実施されていない
	越冬準備がされていない	・11月下旬までに実施されていない
	萌芽確認と春季防除ができていない	・3月中～下旬に十分観察されていない（キクイムシの幼虫，コウモリガの幼虫の被害が発生している）
	霜害対策が実施されていない	・わら帽子の被覆や防霜資材の活用が不十分となっている
	新梢の捻曲誘引がされていない	・4～6月の間に実施されていない
	雑草の防除がされていない	・放任か除草剤の使用により薬害が発生している
	風，雨の被害がある	・機械的障害，株起き，枝がさけている場合がある ・湿害で葉色が黄変する
	施肥方法がよくない	・適期施用がされていない
	整枝せん定ができていない	・幼木から意識的にされていない
	収穫期が早すぎる	・3年目から成らしている
樹勢に応じた収穫がされていない	収穫量が安定していない	・隔年結果が強くなっている
	実の取り残しができている	・労力不足で取り残しがある場合がある

著者略歴

内藤　一夫（ないとう　かずお）

1928（昭和３）年4月20生まれ
1949（昭和24）年京都府立農業技術員養成所（現 農業大学校）卒業
その後、40年間、農業改良普及員として京都府に勤務。
現在、サンショウ研究家として、全国各地で栽培講習会や講演会の活動を行なう。
著書に、『特産シリーズ サンショウ』（農文協）、『農業技術大系　野菜編　サンショウ』（共著　農文協）、『野菜園芸大百科　サンショウ』（共著　農文協）がある。

住所：〒629–0341 京都府南丹市日吉町殿田前田23番地

◆新特産シリーズ◆
サンショウ
―実・花・木ノ芽の安定多収栽培と加工利用―

2004年3月31日　第１刷発行
2009年2月20日　第４刷発行

著　者　　内藤　一夫

発行所　　社団法人　農山漁村文化協会
郵便番号　107-8668　東京都港区赤坂７丁目６－１
電話　03（3585）1141（営業）　03（3585）1147（編集）
FAX　03（3589）1387　　　振替　00120-3-144478
URL http://www.ruralnet.or.jp/

ISBN978-4-540-03181-6　　製作／(株)新制作社

印刷／(株)光陽メディア

製本／根本製本(株)
Printed in Japan　　定価はカバーに表示
乱丁・落丁本はお取り替えいたします。

―中山間地域の活性化に向けて―

新特産シリーズ

ジネンジョ
飯田孝則著　1429円＋税
ウイルス病を防ぐムカゴからの種イモ繁殖法から栽培容器利用の省力・安定多収栽培法を詳解。

タラノメ
藤嶋　勇著　1600円＋税
ふかし促成は冬場、ハウス内での軽作業。春～秋の穂木養成も放任管理。問題の病害も省力回避。

ワサビ
星谷佳功著　1457円＋税
畳石式の高級ワサビ、開田が簡単な渓流式、水田利用のハウス栽培、茎葉主体の畑ワサビなど。

イチジク
株本輝久著　1457円＋税
経費がかからず早期成園化で夏場に稼ぐ。栽培・管理も容易。施設栽培や予冷など最新技術も詳述。

クリ
竹内　功著　1657円＋税
特徴的な生理・生態をふまえ、安定四〇〇キロどり、高値販売、加工による特産品づくりを詳述。

ギンナン
佐藤康成著　1457円＋税
超省力果樹の植付けから機械による収穫・調製までを地域への多様な取入れ方も含めて詳述。

赤米・紫黒米・香り米
猪谷富雄著　1524円＋税
水田がそのまま活かせ、景観作物としても有望。色や香りを活かす栽培・加工・利用法を一冊に。

ソバ
本田　裕著　1429円＋税
健康食品や景観作物、抑草効果も注目。歴史から栽培法、加工・料理、製粉やそば切り機械も紹介。

ミツバチ
角田公次著　1600円＋税
品質極上はちみつからローヤルゼリー、蜂針療法、花粉交配まで。実際家による初めての手引書。

日本ミツバチ
藤原誠太著／日本在来種みつばちの会編　1524円＋税
ふそ病、チョーク病、ダニ、スズメバチ、寒さに強い種蜂捕獲から飼育法、採蜜法まで詳述。

ドジョウ
牧野　博著　1457円＋税
稚魚放流の適期把握を中心に、人工孵化、逃亡防止などの技術を詳述する低コスト養殖の実際。

ヤギ
萬田正治著　1429円＋税
適度な大きさは高齢者、女性、子供にぴったり。畦畔や道路端の雑草で栄養たっぷりの乳、肉に。